Khodjibergenov Dauletbek

Processamento rotativo de produtos

Khodjibergenov Dauletbek

Processamento rotativo de produtos

ScienciaScripts

Imprint
Any brand names and product names mentioned in this book are subject to trademark, brand or patent protection and are trademarks or registered trademarks of their respective holders. The use of brand names, product names, common names, trade names, product descriptions etc. even without a particular marking in this work is in no way to be construed to mean that such names may be regarded as unrestricted in respect of trademark and brand protection legislation and could thus be used by anyone.

Cover image: www.ingimage.com

This book is a translation from the original published under ISBN 978-3-659-79319-6.

Publisher:
Sciencia Scripts
is a trademark of
Dodo Books Indian Ocean Ltd. and OmniScriptum S.R.L publishing group

120 High Road, East Finchley, London, N2 9ED, United Kingdom
Str. Armeneasca 28/1, office 1, Chisinau MD-2012, Republic of Moldova, Europe
Printed at: see last page
ISBN: 978-620-8-31347-0

ÍNDICE DE CONTEÚDOS:

CAPÍTULO 1

CARACTERIZAÇÃO GERAL DO TRABALHO

Relevância do trabalho. Uma das principais tarefas da indústria é o desenvolvimento alargado de técnicas e tecnologias que garantam uma elevada produtividade e qualidade dos produtos. Isto, em primeiro lugar, refere-se ao fabrico de peças e produtos para diversos fins, incluindo aqueles feitos de aços e ligas difíceis de maquinar, caracterizados por uma elevada intensidade de mão de obra e custo, tanto das operações básicas de maquinagem (torneamento, fresagem e d p.) como das operações de acabamento e finalização (rebarbação, polimento, etc.).

Por conseguinte, em vários ramos da indústria, é realizada uma investigação extensiva para melhorar os métodos de maquinagem existentes, são procurados e desenvolvidos novos processos tecnológicos de alto desempenho de conformação e acabamento de peças.

A ferramenta, penetrando na peça de trabalho até uma certa profundidade, realiza uma grande quantidade de trabalho de deformação, uma vez que as direcções das velocidades de corte e do movimento das aparas têm uma grande divergência. A superfície frontal da ferramenta de corte, no processo de separação do material da superfície maquinada, redirecciona-o na direção oposta sob a forma de uma apara. Assim, a apara separada é sujeita a uma grande deformação, o que leva ao aumento da temperatura de corte, ao desgaste da ferramenta, etc.

Mantendo a resistência da ferramenta, não temos possibilidade de aumentar o ângulo de avanço γ para melhorar o processo de corte. Em todos os esquemas convencionais de maquinagem de lâminas, podemos identificar uma cunha de corte caracterizada por ângulos de corte e o ângulo da própria cunha β.

Ao selecionar os valores destes ângulos, é necessário ter em conta a dupla exigência da conceção da peça de corte. Assim, para garantir a máxima resistência da cunha de corte, é necessário aumentar o ângulo da cunha β e selecionar o valor mínimo necessário do ângulo traseiro a.

Atualmente, os métodos não tradicionais de maquinação, que incluem a maquinação rotativa, são amplamente utilizados nas principais instalações de produção de máquinas de construção.

Para garantir a qualidade necessária da superfície maquinada, é proposta a maquinação rotativa com várias lâminas

maquinagem efectuada em tornos e fresadoras quando se maquinam peças de materiais dúcteis e endurecedores com tendência para a deformação, bem como quando se maquinam ligas complexas e resistentes ao calor, titânio e respectivas ligas

O método baseia-se no atrito de rolamento entre a superfície traseira da cunha de corte e a superfície maquinada e não requer forças significativas para a interação, o que é sempre permitido. Neste caso, a auto-rotação da ferramenta ocorre principalmente através do atrito de deslizamento entre a frente e a superfície da cunha de corte e a apara que escapa. Nas operações de acabamento, prevalece o atrito na superfície posterior da ferramenta de corte.

O método permite que a maquinação de lâminas atinja a qualidade necessária da superfície maquinada, eliminando a necessidade de maquinação abrasiva.

Desta forma, evita-se que a peça maquinada seja carregada com pequenas partículas de ferramenta abrasiva, que posteriormente se incrustam na superfície, o que afecta negativamente a resistência ao desgaste da peça maquinada durante o seu funcionamento em conjuntos de máquinas. Este ponto é especialmente importante para as juntas móveis.

Os parâmetros de saída que caracterizam a maquinagem rotativa durante o torneamento em tornos são os seguintes $_{ap}$rugosidade da superfície maquinada R < 0,6 µm numa passagem (o valor da rugosidade não importa, é possível maquinar a partir de uma superfície "preta"); comprimento relativo da superfície t > 40% ao nível a partir da profundidade de 0,3 mm; a durabilidade em comparação com a maquinação com uma fresa prismática aumenta 5-10 vezes; a temperatura na zona de corte diminui 30-50%; é possível maquinar materiais muito duros (HRC ≈ 60 unidades.).

Para a maquinação de aço não endurecido e ferro fundido, bem como para metais não ferrosos, recomenda-se a utilização de material de ferramenta feito de aço rápido (P6M5; P9K8, etc.), para aço endurecido - liga dura BK8 (TK15).

O estudo dos problemas existentes na fresagem convencional de materiais dúcteis e endurecidos por deformação é difícil devido à natureza intermitente do processo. Verificou-se que a baixa produtividade é observada em ranhuras profundas devido à baixa resistência dos discos. fresas.

É difícil garantir uma elevada qualidade da superfície. A maquinação rotativa proposta elimina o corte intermitente, o que aumenta a durabilidade da ferramenta, e a superfície maquinada é de maior qualidade.

Entre os processos metalúrgicos conhecidos, o corte de metais caracteriza-se por uma baixa intensidade energética, que é dezenas, centenas de vezes inferior à intensidade energética dos métodos físicos, químicos e outros conhecidos.

Assim, é relevante o desenvolvimento de novos métodos de processamento de materiais e a criação de projectos de ferramentas de corte rotativas multi-lâminas, que proporcionem no processo de maquinação o aumento da durabilidade da ferramenta, da produtividade e da qualidade da superfície maquinada sem a utilização de operações de acabamento.

Relação do tema com o plano de trabalhos científicos. Este trabalho é realizado no âmbito dos programas científicos e técnicos sobre o tema B - MSF -06-

05-06 / 7 "Gestão da qualidade da superfície maquinada em métodos de alta intensidade de processamento mecânico e físico-mecânico" no trabalho de investigação do orçamento do Estado sobre o problema do aumento da produtividade e da qualidade da maquinação e montagem (cifra 49/7, registo estatal N 01825049250).

Finalidade e objectivos do trabalho de investigação. O objetivo do trabalho é desenvolver métodos de processamento mecânico de materiais economicamente favoráveis e economizadores de recursos e criar um design de ferramentas de corte, proporcionando um aumento da sua durabilidade, produtividade, melhorando a qualidade da superfície maquinada e reduzindo o consumo de energia.

Para atingir o objetivo definido, são resolvidas as seguintes **tarefas** no documento.

1. Desenvolver bases científicas do método rotacional de processamento de produtos em máquinas de corte de metais, permitindo calcular os principais parâmetros do sistema tecnológico através de modelos matemáticos.

2. Oferecer recomendações práticas sobre a seleção de modos de corte e parâmetros geométricos de ajuste da ferramenta, dando a oportunidade de controlar a qualidade da superfície maquinada nos esquemas de corte desenvolvidos e o método de maquinação de materiais.

3. Desenvolver projectos de ferramentas e parâmetros geométricos de conceção racional de ferramentas de corte, bem como criar uma série de ferramentas de corte rotativas para as indústrias.

4. Comprovar experimentalmente o aumento múltiplo da durabilidade da ferramenta ao trabalhar de acordo com os esquemas e métodos de maquinagem propostos.

5. Investigar a forma e as dimensões da apara, a temperatura e a dinâmica do processo de corte, o desgaste da ferramenta, bem como desenvolver uma metodologia e estabelecer dependências para o cálculo dos parâmetros geométricos, de ajuste e cinemáticos das ferramentas de corte e criar um novo mecanismo de formação de apara ao combinar a direção da velocidade, o avanço e o movimento da ferramenta de corte, com o desenvolvimento de recomendações práticas.

As principais disposições do trabalho apresentado para defesa:

1. Nova tecnologia de processamento rotativo.

2. Identificou valores de parâmetros de qualidade e modos de corte na combinação de operações de endurecimento e alisamento, permitindo aumentar a eficiência da maquinagem rotativa.

3. Metodologia original de investigação dos parâmetros geométricos, de regulação e cinemáticos das ferramentas de corte.

4. Metodologia de cálculo dos fenómenos térmicos durante o processamento rotativo.

5. Resultados dos estudos experimentais da temperatura, componentes das forças de corte, desgaste da ferramenta, processo de formação de aparas e rugosidade superficial na maquinagem rotativa multi-lâmina.

6. Dependências matemáticas que determinam as condições de contacto entre a parte cortante da ferramenta e a peça de trabalho.

7. Recomendações sobre a seleção dos modos de corte e dos parâmetros geométricos e de regulação das ferramentas, bem como dos materiais para ferramentas rotativas e ferramentas.

A novidade científica do trabalho consiste na criação de uma nova direção científica na tecnologia de processamento rotativo, incluindo:

- desenvolvimento das bases científicas da tecnologia de maquinagem rotativa multi-lâmina de superfícies cilíndricas e planas;
- desenvolvimento de um novo método de maquinagem rotativa, concepções promissoras de ferramentas de corte e ferramentas, confirmadas por 3 patentes da República do Cazaquistão;
- determinação dos valores caraterísticos da geometria e cinemática mais racionais do processo de corte no método proposto de maquinagem rotativa;
- estabelecimento e divulgação do mecanismo físico dos fenómenos que ocorrem na secção elementar da zona de contacto;
- determinação da relação entre as caraterísticas do novo método de maquinagem rotativa: comprimento de contacto da apara com a superfície frontal, tensão de contacto e fricção de contacto, ângulo da ferramenta frontal e traseira no processo de corte;
- combinação de operações de endurecimento e de alisamento no método proposto de maquinagem rotativa;
- modelação matemática das particularidades da interação entre a mecânica da ferramenta de corte rotativa e o material processado.

O significado prático dos resultados obtidos reside no seguinte:

- desenvolvimento e fabrico de novos modelos de ferramentas rotativas e de ferramentas para a maquinagem de produtos em máquinas de corte de metais.
- desenvolvimento de recomendações metódicas sobre a seleção dos modos de corte e dos parâmetros geométricos e de regulação das ferramentas, bem como dos materiais para ferramentas rotativas e ferramentas.

- aumento do tempo de vida da ferramenta em duas ordens de grandeza, ou seja, aumento da durabilidade da ferramenta rotativa multi-lâminas de P6M5 na maquinagem de aços endurecidos até T = 30 horas;

- ÷4 8 vezes mais produtividade;

- ap÷possibilidade de controlar a qualidade da superfície maquinada com a obtenção de rugosidade R < 0,32 μm no comprimento relativo da superfície de apoio t = 65% ao nível da secção transversal do perfil 0,6 mm com o grau de deformação dentro de 0,36 0,42 e endurecimento da camada superficial na profundidade até 0,5 mm;

- reduzindo a temperatura média de corte nas superfícies de contacto para 200 - 300° C;

- na redução do consumo de materiais para ferramentas;

- ÷na redução do consumo de energia dos processos de maquinagem e das forças de corte (as forças de corte são reduzidas em 15 20%);

- exclusão das operações de acabamento do processo tecnológico de maquinagem de peças e obtenção, numa só passagem, a partir da superfície bruta, da exatidão das dimensões geométricas com 6...7 qualidades;

- redução dos custos específicos de fabrico de peças em mais de 2 vezes;

Os resultados do trabalho foram aprovados e implementados na produção da JSC "Kardanval", LLP "Mechanical Plant" (Shymkent) e LLP "Electroapparatus Plant", bem como no processo educativo ao ler palestras sobre a disciplina "Fundamentos da teoria do corte" para estudantes da especialidade "Engenharia Mecânica" da Universidade Estatal do Cazaquistão do Sul com o nome de M. Auezov.

A contribuição pessoal do co-investigador consiste na identificação de problemas no domínio do processamento mecânico de materiais, na definição de tarefas e na realização de investigação, no desenvolvimento dos fundamentos da teoria de um novo método de maquinagem rotativa com novas ferramentas de corte, no processamento e análise dos dados experimentais obtidos. Todos os trabalhos de investigação,
Os trabalhos teóricos e experimentais, bem como os trabalhos de aplicação, foram realizados pessoalmente pelo autor ou com a sua participação ativa.

Aprovação do trabalho. As principais disposições do trabalho foram comunicadas e discutidas em seminários científicos e técnicos internacionais e conferências nacionais: VII conferência científica e prática internacional "Naukawa mysl infocrmacyjnej powieki-2011" (Przemysl, Peremyshl, Polónia, Nauka I studia 2011g.); VII conferência científica e prática internacional "Nainovit nauchnochno-postizheniya - 2011" (Sofia, Bulgária, "Byal GRAD-BG" 2011g.).); Conferência internacional científico-prática "Desenvolvimento de tecnologias inovadoras e de informação na educação - a base da qualidade da formação de especialistas", dedicada ao 20.º aniversário da independência da República do Cazaquistão, (Shymkent, República do Cazaquistão, 2010); Conferência internacional científico-prática "Auezov Readings-9. Formas de desenvolvimento inovador da ciência, da educação e da cultura na nova década" (M. Auezov SCSU, Shymkent, República do Cazaquistão, 2010); VI Conferência Internacional científico-prática "Educação e ciência sem fronteiras-2010" (Przemysl Peremyshl, Polónia, Nauka I studia 2010); 14.ª conferência científica estudantil sobre ciências naturais, técnicas, sociais e humanas e ciências económicas, dedicada à mensagem do Chefe de Estado "Construir o futuro juntos" (SCSU, Shymkent, República do Cazaquistão, 2010). Shymkent, República do Cazaquistão, 2011); conferência científico-prática de estudantes, mestres, pós-graduados e jovens cientistas "Nova década - novo crescimento económico - novas oportunidades para o Cazaquistão" (SKSU, Shymkent, República do Cazaquistão, 2010); conferência científico-prática internacional "Perspectivas de energias alternativas e tecnologias de poupança de energia" (Shymkent, República do Cazaquistão, 2010).); conferência científico-prática internacional "M. Auezov - génio de um novo tempo" dedicada ao 110.o aniversário de M. Auezov (Shymkent, República do Cazaquistão, 2007); conferência científico-prática republicana "O papel e as tarefas das instituições de ensino na formação da base da "economia inteligente" (Shymkent, República do Cazaquistão, 2007); conferência científico-prática internacional "Desenvolvimento industrial-inovador - a base da sustentabilidade da economia do Cazaquistão" (Shymkent, República do Cazaquistão, 2007); conferência científico-prática internacional "Desenvolvimento industrial-inovador - a base da sustentabilidade da economia do Cazaquistão" (Shymkent, República do Cazaquistão, 2007). Shymkent, República do Cazaquistão, 2006); conferência científica e metodológica internacional "Melhoria da relação entre educação e ciência no século XXI e problemas actuais de formação de qualidade de especialistas altamente qualificados" (Shymkent, República do Cazaquistão, 2006); conferência científica e técnica internacional "Monitorização de aeronaves" (Tashkent, República do Uzbequistão, 2000).

Publicações sobre o tema da dissertação. Os resultados do trabalho de dissertação estão reflectidos em 59 publicações, incluindo 31 publicações nas edições recomendadas pela Comissão Superior de Certificação, existem 3 patentes inovadoras da República do Cazaquistão para a invenção de ferramentas de corte.

Estrutura e âmbito do trabalho. A dissertação é constituída por uma introdução, 7 capítulos e conclusões gerais, uma lista de fontes utilizadas de 146 nomes. O material é apresentado em 223 páginas de texto dactilografado e complementado por 5 apêndices em 36 páginas, contém 86 figuras e 3 tabelas.

CAPÍTULO 2

CONTEÚDO PRINCIPAL DO TRABALHO

A introdução formula a finalidade e os objectivos do estudo, mostra a novidade científica, o significado teórico e prático do trabalho, apresenta as disposições propostas para a defesa. A relevância do problema científico e técnico é fundamentada, a essência é revelada, a caraterística geral e as principais direcções do trabalho são delineadas. São analisadas e realçadas as particularidades dos processos de transformação mecânica dos materiais. São analisados os esquemas de corte que encontraram maior aplicação na prática da maquinação tradicional de materiais com lâminas (Arshinov V.A., Alekseev G.A., Bobrov V.F., Jerusalemsky D.E., etc.), que são condicionalmente divididos no processo de corte com contacto inseparável entre a aresta de corte e o material processado e a presença de rotação da ferramenta de corte com vários dentes de corte. Com base na análise de alguns esquemas de maquinação de corte tradicional, são formuladas as vantagens e desvantagens no torneamento, aplainamento, brochagem e fresagem. $A_{деф}$, 1Os resultados são sistematizados e são propostos requisitos para o esquema de corte mais racional, que deve permitir minimizar o trabalho de deformação durante o corte, reduzir os coeficientes de atrito ts, reduzir a temperatura de corte Q, aumentar o ângulo frontal da lâmina de corte, aproximar o ângulo de corte β de 45°.

Nos esquemas de corte tradicionais, a ferramenta de corte, penetrando na peça de trabalho até uma certa profundidade, realiza uma grande quantidade de trabalho de deformação, uma vez que a direção de corte e as velocidades das aparas têm um grande desfasamento. A superfície frontal da ferramenta de corte separa a camada de material da superfície maquinada, parando-a e direcionando-a na direção oposta. Assim, a apara separada sofre uma grande deformação, o que leva a um aumento da temperatura de corte, desgaste da ferramenta, etc.

Devem ser impostos os seguintes requisitos ao padrão de corte: assegurar a possibilidade de variar os valores dos ângulos da ferramenta de corte dentro de uma ampla gama, mantendo o ângulo de cunha, mantendo-o tão grande quanto possível; assegurar a continuidade do contacto

a aresta de corte com o material a maquinar; renovação da aresta de corte a uma velocidade igual à velocidade de saída da apara. Além disso, é necessário assegurar que a direção da velocidade de saída das aparas e o movimento principal coincidam e que a quantidade a remover seja distribuída pelas arestas ou elementos de corte individuais.

Os métodos conhecidos (Avakov A.A.) de maquinagem funcionam com base no princípio do deslizamento entre a parte cortante da ferramenta e a apara que escapa e a superfície maquinada (Novoselov Y.A., Popok A.A.). A velocidade de deslizamento relativo determina em grande medida tanto os custos energéticos do processo (Konovalov E.G., Sidorenko V.A., Souss A.V.) como a durabilidade da ferramenta e a qualidade da superfície maquinada. Ao mesmo tempo, a redução da velocidade de deslizamento relativa nas zonas de contacto da ferramenta com o material a maquinar pode ser conseguida substituindo o deslizamento na sua interação com o rolamento.

Os esquemas de corte que prevêem, em maior ou menor grau, a substituição do deslizamento nas zonas de contacto por laminagem caracterizam-se pela maior eficiência. O corte de metais com substituição do deslizamento por laminagem e as ferramentas que realizam este processo são designados por rotativos, porque a implementação da laminagem na interação das superfícies de trabalho da ferramenta com o material a maquinar coloca o corte na classe da maquinagem rotativa (Konovalov E.G., Sidorenko V.A.).

Assim, o desenvolvimento de bases científicas, tecnologias e ferramentas de corte para a maquinagem rotativa de produtos em máquinas de corte de metais é relevante.

No primeiro capítulo, é feita uma revisão analítica dos métodos de maquinagem rotativa (RM), destacando os principais aspectos do processo de corte. Os esquemas de RO existentes são analisados e as direcções de investigação são justificadas.

São apresentados alguns resultados das investigações de E.G.Konovalov, F.V.Bobrov; V.A.Danilov; V.A.Zemlyansky; P.I.Yashcheritsyn e outros cientistas sobre a questão da diferença entre a mecânica da formação de aparas, a termofísica, a cinemática, a dinâmica do corte rotativo e os métodos tradicionais de processamento mecânico.

Os autores (P.I. Yashcheritzin, A.V. Borisenko, I.G. Drivotin, V.Y. Lebedev) afirmam que, devido ao longo comprimento da aresta de corte circular da lâmina, à sua rotação contínua durante o funcionamento, bem como às boas condições de arrefecimento durante o funcionamento em vazio, a temperatura na zona de corte durante a maquinagem com uma ferramenta rotativa, em comparação com as ferramentas tradicionais, é reduzida até 40%. O corte rotativo também se caracteriza por uma elevada durabilidade da ferramenta de corte, 5-NO vezes superior em comparação com as ferramentas de lâmina tradicionais, e pela possibilidade de garantir uma elevada qualidade da superfície maquinada.

Konovalov E.G., V.I. Khodyrev, G.F. Shaturov, E.N. Naidyshev provam que o deslizamento relativo nas zonas de contacto, que é necessário para acompanhar qualquer método tradicional conhecido de maquinagem por corte, é substituído por rolamento com uma certa percentagem de deslizamento. A realização da referida substituição é acompanhada pela renovação contínua no processo de corte das superfícies de contacto, tanto da peça de trabalho como da ferramenta; renovação contínua da secção ativa da lâmina; diminuição acentuada da velocidade de deslizamento relativo nas zonas de contacto. Para cada secção elementar da lâmina de corte há uma transição do processo de corte contínuo para o corte intermitente, periodicamente recorrente.

A periodização do processo de corte melhora as condições de trabalho das superfícies de contacto da ferramenta, promove o aumento da remoção de calor da zona de corte através da ferramenta, a redução do stress térmico global do processo e, consequentemente, o aumento do período de durabilidade da ferramenta.

São conhecidos métodos de maquinagem rotativa baseados no princípio da periodização da aresta de corte, que estão classificados nos trabalhos de E.G. Konovalov, L.A. Gik, V.I. Khodyrov. Bobrov V.F., Konovalov E.G., Zemlyansky V.A., Kuchma L.K. consideram que a principal desvantagem da fresa rotativa auto-rotativa é o deslizamento.

A formação de uma zona de deformação durante o corte e a evidência da natureza da deformação é altamente controversa, o que levou a duas direcções na abordagem desta questão. Talvez a evidência do modelo de plano de cisalhamento único prevaleça sobre os estudos analíticos sobre a
modelos com uma zona de deformação desenvolvida. Investigadores como Timme, Piaspenen, Merchant, Kobayashi e Thomsen propõem um modelo com um único plano de cisalhamento. Outros, como Palmer e Oxley, Okushimi e Hitomi, baseiam as suas análises num modelo com uma zona de deformação desenvolvida.

É geralmente reconhecido na teoria da maquinagem que o atrito de deslizamento desempenha um papel dominante no processo de desgaste da ferramenta de corte. É nesta base que assenta a moderna teoria do desgaste e da durabilidade das ferramentas (Konovalov E.G.). É óbvio que, para aumentar a sua resistência ao desgaste, é necessário criar condições em que o atrito cinemático nas zonas de contacto seja minimizado.

A solução desta questão levou ao desenvolvimento de uma ferramenta com uma aresta de corte móvel com ângulo cinemático traseiro e frontal igual a zero, uma vez que os esquemas de maquinação rotativa propostos não são considerados na classificação mencionada. Além disso, a investigação conduzida é válida apenas para as condições de maquinação consideradas e não pode ser alargada a todos os esquemas de RO, métodos de RO e condições de corte, lembram os autores.

No segundo capítulo, é feita a fundamentação teórica do esquema de interação entre a ferramenta de corte e a peça de trabalho. No mesmo capítulo, são apresentadas as tarefas de investigação.

A criação de ferramentas de corte economizadoras de recursos leva à necessidade de especificar algumas caraterísticas da mecânica da interação dos corpos em contacto e da análise estrutural e paramétrica do sistema. Com base na resolução do problema da teoria da elasticidade de G. Hertz sobre a compressão de corpos perfeitamente lisos com contacto inicial ao longo da linha e no ponto, são consideradas as condições que influenciam o valor da área de contacto da ferramenta e da peça de trabalho. O operador de Laplace e os coeficientes de Lamé foram utilizados na modelação do processo sob a condição de não haver atrito em repouso.

Sugere-se que a área de contacto possa ser calculada pela fórmula

$S_к=P/\sigma_т$, (1)

$_т$em que P é a força de corte; σ é a tensão de cedência do material que está a ser maquinado.

No entanto, estes resultados correspondiam a superfícies lisas. Outros problemas de contacto são desenvolvidos no sentido de modelar a rugosidade de uma ou ambas as superfícies de contacto com base no modelo de superfície rugosa de Archard, tendo em conta que um aumento da força de corte no contacto elástico leva a um aumento do tamanho do contacto.

A condição de transição do contacto elástico para o contacto elástico-plástico é escrita da seguinte forma:

$h/r \geq 16(\tau_y/E)^2$, (2)

$_y$em que h é a camada a cortar; r é o raio da lâmina de corte; τ é a tensão tangencial última; E é o módulo de elasticidade do material.

O critério de transição para a deformação plástica é por vezes derivado da condição de existência de um valor crítico das tensões normais médias no contacto, no qual o material passa completamente para o estado de escoamento plástico. Para um modelo esférico, tais considerações conduzem à dependência:

$a/r = k_n\sigma_т(1-\mu^2)/E$, (3)

$_{nт}$em que a é o diâmetro da área de contacto; k é um coeficiente que depende da relação entre σ e as tensões críticas na área de contacto; μ é o coeficiente de Poisson.

Se a determinação das caraterísticas geométricas da área de contacto for considerada com base em modelos de superfícies rugosas, devem ser respeitadas as seguintes disposições básicas: o contacto com a superfície rugosa tem um carácter discreto; os contactos elementares surgem como resultado de deformações elásticas e plásticas; a área de contacto e a força de corte atuante estão relacionadas pela seguinte relação

$S_к = const\ N^n$,

onde n - depende da estrutura do modelo; N - carga atuante.

A relação entre as tensões médias no contacto de duas elipses e uma esfera com raios equivalentes é também considerada:

$$p_{эл}/p_{сф} = 0{,}7K_1 [(n+1)n^{-1/2}]^{1/2}, \quad при \quad n = r_{прод}/r_{поп}, \qquad (4)$$

$_{элсПО}$onde p e p f - tensões na elipse e na esfera; Ki - coeficiente dependente de p; G p e E Gpop - raio de curvatura do topo do ressalto nas direcções longitudinal e transversal, respetivamente.

O estudo das superfícies de contacto do material maquinado com a superfície da fresa limita-se à análise das condições de contacto de corpos lisos e rugosos. A rugosidade é modelada por saliências esféricas. No estado sem carga, a superfície rugosa toca a superfície lisa com a sua rugosidade mais saliente. Após a aplicação de uma carga P, os corpos em contacto aproximar-se-ão um do outro por uma certa quantidade AH, e outros segmentos da superfície rugosa também entrarão em contacto.

Seleccionemos uma camada de espessura dx a uma distância x do topo da primeira das irregularidades que entraram em contacto. $\varepsilon\varepsilon h_{max}/R_{max}$, a $x = X/R_{max}$ Todas as irregularidades que se encontram nesta camada aproximar-se-ão da superfície lisa pelo valor igual a (-x), onde é a aproximação relativa dos corpos igual a - coordenada adimensional. Após algumas combinações, obtém-se uma expressão para a ligação da carga atuante

$$P = n_c \int_0^{\varepsilon} P(\varepsilon - x)\varphi'(x)dx, \qquad (5)$$

$_{maxc}$onde R - raio da ferramenta de corte; n - profundidade de inserção; φ (x) - ângulo que caracteriza a posição da ferramenta.

$\varepsilon_r\varepsilon$Se a função P(-x) for expressa em termos da pressão normal média no contacto p (-x), e a projeção da área de um contacto unitário no plano paralelo à superfície lisa for expressa como αSo, então obtemos

$$P = \pi R_{max} n_c \alpha \left[2r\int_0^{\varepsilon} p_r(\varepsilon - x)\varphi'(x)dx - R_{max}\int_0^{\varepsilon} p_r(\varepsilon - x)^2\varphi'(x)dx\right], \qquad (6)$$

em que So é a área de contacto; α é um coeficiente que depende da natureza da deformação no contacto.

ε_rNa relação obtida, os valores α, (-x), p dependem do tipo de deformação e, portanto, em geral, assumem diferentes formas, dependendo das propriedades dos corpos em contacto. vcrAlém disso, na modelação do processo, os módulos elásticos e os coeficientes de Poisson são introduzidos e escritos através da função gama, tendo em conta as caraterísticas da distribuição da rugosidade: coeficiente de deformação transversal e largura da camada cisalhada b utilizando a pressão de contorno p . É dada uma equação para calcular o diâmetro da zona de contacto elástica d.

As considerações anteriores permitem-nos estabelecer a influência de diferentes condições de contacto quando os corpos estão tangencialmente estacionários. No entanto, no corte rotativo, juntamente com o contacto normal, em regra, há também um movimento mútuo da ferramenta de corte e da peça de trabalho em relação uma à outra.

$\tau_{xy} = \tau_0 - k\sigma_y$.Para uma investigação mais aprofundada, assumimos certas condições: deixemos que a lei de atrito de dois termos ocorra em toda a área de contacto: consideremos a força que actua na superfície a ser maquinada como normal P e tangencial T. No sistema de coordenadas associado ao corpo sólido, as seguintes condições de fronteira terão lugar:

$$\sigma_y = 0,\ \tau_{xy} = 0 \quad (-\infty < x < -a,\ b < x < +\infty);$$

$$v = f(x) + \eta,\ \tau_{xy} = \tau_0 - k\sigma_y \quad (-a<x<b), \qquad (7)$$

em que v é a componente normal dos deslocamentos na fronteira y = 0; f(x) é a forma da superfície sólida em contacto.

Utilizando o integral de Cauchy, um caso especial do problema de Hilbert-Rimman é definido através de um sistema de equações que experimenta a pressão no local de contacto.

$\tau_{xy} = -k\sigma_y$, A relação obtida indica que a pressão na área de contacto depende apenas do coeficiente piezoelétrico da componente molecular da força de atrito k e, portanto, em problemas semelhantes ao considerado, é razoável utilizar a lei de atrito de Amonton, ou seja, a pressão na área de contacto definida como pode ser utilizada noutros estados da superfície do corpo sólido.

Juntamente com outros aspectos da propagação do calor, a determinação da condutividade térmica dos materiais em contacto exigiu a utilização de estudos analíticos para determinar a penetração do campo de temperatura perpendicular à superfície tratada.

Ao cortar metais, o calor resultante distribuído entre a peça de trabalho e a ferramenta é dissipado para o ambiente.

Introduzimos uma quantidade adimensional a, que mostra que parte do fluxo de calor é dirigida para um dos corpos em contacto. Esta quantidade pode ser designada por coeficiente de distribuição do fluxo de calor. Então podemos escrever

$$\begin{cases} Q_1 = \alpha Q \\ Q_2 = (1-\alpha)\, Q \end{cases} \qquad (8)$$

$_{12}$em que Q e Q são as quantidades de calor que entram no primeiro e no segundo corpos; Q é a quantidade total de calor gerado no processo de corte.

Por outro lado, sabe-se que

$$\alpha = \frac{\lambda_1}{\lambda_2}\sqrt{\frac{a_2}{a_1}}, \qquad (9)$$

$_{1212}$em que λ e λ são as condutividades térmicas do primeiro e do segundo corpos; a e a são as temperaturas de condução do primeiro e do segundo corpos. Tendo em conta a transferência de calor, a distribuição dos fluxos de calor será a seguinte

$$1-\alpha = \frac{\sqrt{\pi\sigma^{1}}}{\sqrt{\pi\sigma^{1}}+\sqrt{\rho c v}}, \qquad (10)$$

[1]onde ρ - densidade; c - capacidade térmica específica; v - velocidade de deslizamento; σ - coeficiente de transferência de calor.

De seguida, considera-se o campo de temperatura durante a fresagem de um material que não é aquecido até à profundidade total durante um curso de trabalho. Uma fonte de calor em forma de tira com uma largura de 2h e infinitamente estendida ao longo do eixo y, que é o seu eixo de simetria, move-se ao longo da superfície de um corpo semi-infinito (Fig. 1). A densidade do fluxo de calor em toda a superfície da fonte é assumida como constante.

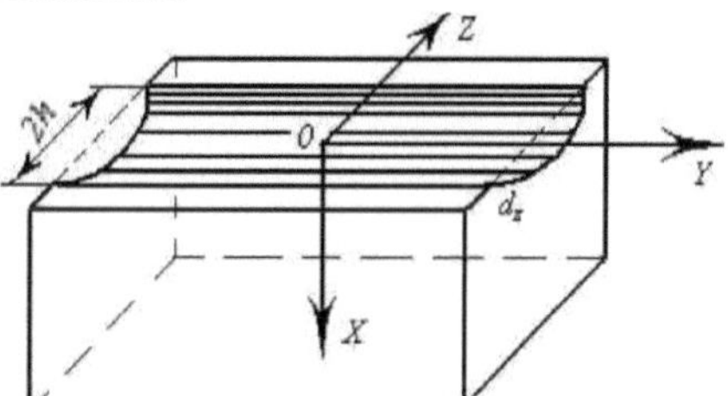

Fig. 1 - Diagrama térmico de uma fonte de tira

É razoável considerar a temperatura inicial da peça igual a zero por simplicidade de registo. Vamos associar o sistema de coordenadas à fonte de calor. Neste caso, podemos assumir que o meio condutor de calor se move com a velocidade longitudinal na direção negativa do eixo z. Tendo adotado este esquema, podemos formular o problema matematicamente. Este reduz-se à solução da equação de condução de calor ou à solução fundamental da equação de condução de calor para uma fonte pontual na superfície da peça, satisfazendo a condição de transferência de calor de terceiro tipo na fronteira, num sistema de coordenadas em movimento. Ao contrário da solução anterior, em que uma quantidade finita de calor Q, libertada instantaneamente num volume infinitesimal, cria uma temperatura infinitamente grande no momento inicial, a última expressão descreve o processo de igualização da temperatura a partir de uma quantidade infinitesimal de calor. A temperatura no ponto de aplicação de uma tal fonte é finita mesmo no momento inicial. O campo de temperatura total será a soma de tais campos de fontes elementares distribuídas sobre a faixa de contacto.

Sabe-se (Arshinov V.A., Alekseev G.A., Yascheritzin P.I., Feldstein E.) que a principal fonte de calor durante o corte de metais plásticos é o trabalho.

O trabalho é principalmente gasto em deformações plásticas na camada de corte e nas camadas adjacentes à superfície maquinada e à superfície de corte, bem como na superação do atrito nas superfícies frontal e traseira da fresa.

Aplicando o teorema de Lagrange à diferença de entrada de calor, utilizando a capacidade térmica da substância cilíndrica c, a densidade da substância cilíndrica ρ (ρΔxS - massa do elemento cilíndrico), são dadas as equações para determinar a entrada de calor.

12Igualando as expressões da mesma quantidade de calor ΔQ - ΔQ , obtém-se

$$k\frac{\partial^2 u}{\partial x^2}\Delta x S\Delta t = c\rho\Delta x S\frac{\partial u}{\partial t}\Delta t \quad \text{или} \quad \frac{\partial u}{\partial t} = \frac{k}{c\rho}\frac{\partial^2 u}{\partial x^2}.$$

$$\frac{k}{c\rho} = a^2$$

Denotando , obtemos finalmente as equações de propagação de calor ou a equação de condução de calor num cilindro homogéneo:

$$\frac{\partial u}{\partial t} = a^2\frac{\partial^2 u}{\partial x^2}. \qquad (11)$$

Os problemas físicos são reduzidos ao problema da propagação de calor num cilindro limitado quando o cilindro é tão longo que a temperatura nos pontos internos do cilindro nos momentos de tempo considerados depende pouco das condições nas extremidades do cilindro. Se o cilindro coincide com o eixo CE, então matematicamente o problema é formulado da seguinte forma, tomando o integral de Poisson da propagação de calor, transformando-o obtemos:

$$u^*(x,t) = \frac{\varphi(\xi)\Delta x}{2a\sqrt{\pi t}}e^{-\frac{(\xi-x)^2}{4a^2t}}, \quad x_0 < \xi < x_0 + \Delta x. \qquad (12)$$

00A fórmula (7) dá o valor da temperatura num ponto do cilindro em qualquer instante se, em t = 0, em todo o cilindro a temperatura u* = 0, exceto no segmento [x , x + Δx], onde é igual a φ (x). A soma das temperaturas da forma (6) e dá a solução do integral de Poisson. Note-se que se ρ é a densidade linear do material do cilindro, c é a capacidade térmica do material, então a quantidade de calor no elemento
00[x , x + Ah] em t = 0 será definido como:

$$\Delta Q \approx \varphi(\xi)\cdot\Delta x\cdot\rho\cdot c. \qquad (13)$$

Consideremos ainda a função

$$\frac{1}{2a\sqrt{\pi t}}e^{-\frac{(\xi-x)^2}{4a^2t}} \quad (14)$$

Comparando-o com o lado direito da fórmula (7), tendo em conta (8), podemos obter o valor das temperaturas em qualquer ponto do cilindro em qualquer instante t, se em t = 0 houvesse uma fonte instantânea de calor com quantidade Q = cf na secção ζ.

No estudo da propagação de calor num corpo delimitado é necessário adicionar à equação de condução de calor e à condição inicial as condições na fronteira do corpo, que nos casos mais simples são condições de fronteira de primeiro, segundo ou terceiro tipo.

São considerados problemas de Sturm-Liouville com condições de fronteira para resolver a equação de condução de calor. Para resolver problemas de valor de fronteira de condução de calor e com condições de fronteira não homogéneas, é utilizada uma função arbitrária sujeita a determinação no intervalo do comprimento da ferramenta de corte pela equação de Laplace.

A comparação dos resultados obtidos com os dados experimentais permite especificar os coeficientes incluídos nas dependências calculadas, a fim de os aproximar da imagem real realizada no processo tecnológico.

Os cálculos matemáticos apresentados permitem um planeamento razoável dos estudos experimentais e a interpretação dos resultados empíricos obtidos do corte rotativo.

O terceiro capítulo aborda a metodologia da investigação. A solução dos problemas da investigação exige o esclarecimento de um certo número de definições específicas da ferramenta de corte rotativa.

São dadas as designações dos parâmetros geométricos e de regulação introduzidos na ferramenta de corte rotativa desenvolvida. Estas definições são necessárias para o estudo de um novo método de maquinagem.

As diferenças entre o corte rotativo e os métodos tradicionais de maquinagem exigiram a utilização de estudos analíticos e experimentais, que permitiram determinar os parâmetros geométricos reais da ferramenta e determinar as caraterísticas do processo de formação de aparas, bem como o desgaste das superfícies de trabalho e a durabilidade da ferramenta. No processo de resolução dos problemas, foram efectuadas medições de temperatura, caraterísticas de força do processo e estudo da rugosidade da superfície maquinada.

As experiências foram efectuadas em máquinas universais de torneamento e de corte de parafusos dos seguintes modelos: 1K62, 16K20 (Fig. 2). Foram concebidos e fabricados mandris especiais para torneamento rotativo e ferramentas feitas de aços rápidos (Fig. 3, 4).

Fig. 2 - Vista geral da instalação experimental

Fig. 3 - Mandril para maquinagem rotativa (a) e ferramentas de corte rotativas multi-lâmina em aço rápido P6M5 (b), mandril montado no porta-ferramentas de um torno (c), fresa rotativa de lâmina única (d)

O mandril com uma ferramenta de corte rotativa multi-lâminas nele instalada foi concebido para a maquinação da superfície exterior de corpos de rotação, bem como para a maquinação de faces. O mandril é instalado no porta-ferramentas de um torno juntamente com as fresas standard convencionais (Fig. 3,c).

O mandril apresentado na Fig. 3, um mandril é considerado um mandril de uma posição, porque o suporte do mandril e o corpo do mandril estão ligados por soldadura. No entanto, foram também utilizados outros mandris para alterar os parâmetros geométricos e de ajuste durante as experiências (Fig. 4).

Fig. 4 - Equipamento para a realização de experiências com a possibilidade de alterar a posição dos elementos de corte no plano vertical e horizontal no porta-ferramentas

Para estudar a natureza da formação da apara, foi efectuada uma observação visual, onde se pode estudar o tamanho e a forma da zona de deformação e obter uma visão externa da forma como a camada cisalhada é sequencialmente transformada numa apara na RO. As experiências iniciais para estudar a formação de aparas foram realizadas às velocidades de corte mais baixas possíveis (2...3 m/min) para excluir a influência de outros factores do processo de corte (alterações nos parâmetros cinemáticos, temperatura, etc.).

Para além disso, pode obter-se uma imagem da formação de aparas a baixas velocidades de corte. ıNeste caso, mediu-se a magnitude do contacto ψ, o ângulo da apara e o comprimento da apara e, quebrando a camada de cisalhamento até ao início da linha de cisalhamento, os valores do ângulo de cisalhamento β . Outros parâmetros de regimes de corte, ângulos de ajuste e valores geométricos da ferramenta foram variados de modo a não contribuírem tanto para o aumento da temperatura e outros factores. ÷÷y÷Os modos de corte, os parâmetros de ajuste e geométricos foram adoptados nos seguintes intervalos: avanço S = 0,07 0,95 mm/rot; profundidade de corte t = 0,25 6 mm; ângulo do eixo da ferramenta no plano vertical β = 5° 50°.

b=A investigação sobre a formação de aparas requer a utilização de peças de trabalho feitas de materiais dúcteis e que endurecem por deformação, propensos ao crescimento, tais como o alumínio AL70, o latão L68 (σ 320 Pa; b bb NV 55), bem como o aço 40X (σ = 580 Pa; NV 183) e o aço 45 (σ = 610 Pa; NV 245), o ferro fundido cinzento SCh32 (σ = 520 Pa; NV 255) amplamente utilizado na investigação. O aço e o ferro fundido foram também utilizados para outras experiências de torneamento e de faceamento de superfícies externas de corpos de rotação.

Nas experiências realizadas para estudar a durabilidade da ferramenta de corte rotativa multi-lâminas (MRT), bem como a qualidade da superfície maquinada, a velocidade de corte V foi variada de 3 a 120 m/min.

O principal fator de formação de aparas - o coeficiente de retração das aparas - foi determinado de acordo com os métodos conhecidos. Para estudar o grau de deformação da camada cisalhada, o coeficiente de retração das aparas não pode servir totalmente como indicador quantitativo, mas dá uma ideia qualitativa. Por conseguinte, foram realizadas experiências para medir a secção transversal das aparas obtidas na RO.

Adicionalmente, foi determinado o passo das lâminas co, localizadas paralelamente no MRRI, necessário para a remoção das aparas cortadas da zona de corte e para o acesso dos meios de lubrificação e arrefecimento do processo.

As dimensões da pastilha na secção transversal foram medidas num microscópio de ferramentas BMI-1.

Os fenómenos térmicos no processo de corte são de grande interesse prático porque o calor gerado durante a maquinagem influencia o estado da superfície maquinada, a precisão da maquinagem e a resistência ao desgaste da ferramenta de corte. O método do termopar natural é o mais acessível para o cortador rotativo. Além disso, ao utilizá-lo, é possível obter uma temperatura média em contacto das superfícies de trabalho com o material processado. As investigações foram realizadas de acordo com métodos geralmente conhecidos (Granovsky G.I., Granovsky V.G., Derganov B.S., Reznikov L.N.) sob isolamento elétrico total.

Todas as experiências básicas foram realizadas durante 3-5 minutos, antes do embotamento da lâmina de corte, sem a utilização de líquido de refrigeração. A força termoelectromotriz foi medida para cada lâmina de corte separadamente em ferramentas de corte especialmente fabricadas.

$_{xyz}$As forças constituintes P , P , P , foram medidas com um dinamómetro UDM-600. Antes do início das experiências, a unidade foi calibrada com um dinamómetro de referência DOSM-ZM, carregando o dinamómetro em três direcções mutuamente perpendiculares *(x, y, z)* e descarregando. A calibração foi efectuada em diferentes posições conhecidas do dispositivo TA-5.

A afiação e a retificação da correia na ponta da lâmina foram efectuadas na máquina de afiar universal modelo 312M sem arrefecimento. Para excluir a excentricidade total da lâmina em relação ao eixo de rotação do ângulo de corte, a afiação foi efectuada na forma montada, e o mandril com o rebolo foi fixado no mandril de três cames do torno e preparado com um lápis de diamante. A ferramenta de corte rotativa também foi afiada. Neste caso, a excentricidade total da lâmina de corte após a afiação da unidade de corte não deve exceder 0,01 mm.

No quarto capítulo, são considerados os parâmetros estáticos e cinemáticos da ferramenta de corte rotativa, bem como as dependências das caraterísticas térmicas e dinâmicas do processo de RO em relação à geometria e à configuração da fresa.

O processo de transformação da camada de corte numa apara que se desloca tangencialmente à aresta de corte é um caso complicado do corte convencional. Existem várias razões para este facto. As

A primeira razão é a rotação da ferramenta em torno do seu próprio eixo. A segunda razão, que causa as diferenças, é a mudança cinemática nos parâmetros da peça de corte. O terceiro fator que garante a diferença no processo de formação de aparas são as condições de deformação.

Este último inclui as dimensões do contacto entre a ferramenta e o material a ser maquinado.

Quando em contacto com a peça, uma ferramenta rotativa com elementos de corte cilíndricos cria uma superfície curva que, ao estender-se, deforma a camada de metal a cortar. Se se tiver em conta o movimento do elemento de corte, as forças actuantes mudam de magnitude direcional.

Para este efeito, considera-se o contacto da parte cortante da ferramenta com a peça de trabalho. O ponto P (y,z) do elemento de corte da ferramenta rotativa move-se ao longo da linha L do ponto M para o ponto N (Fig. 5). A força F é aplicada ao ponto P, que muda em magnitude da direção quando o ponto P se move, ou seja, é uma função das coordenadas do ponto P: F = F (P).

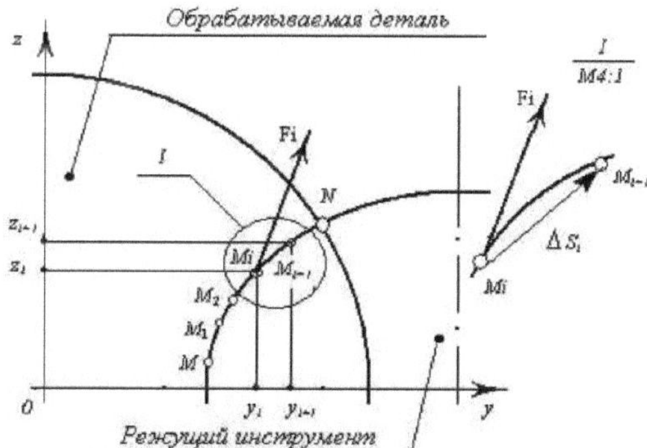

Fig. 5 - Diagrama das forças que actuam na parte cortante da ferramenta

O trabalho A da força P é calculado quando se desloca o ponto P ao longo do contacto da ferramenta de corte (corda MN) com o material a maquinar.

$$A = \lim_{\substack{\Delta y_i \to 0 \\ \Delta z_i \to 0}} \sum_{i=1}^{n} [Y(y_i, z_i)\Delta y_i + Z(y_i, z_i)\Delta z_i] \cdot \qquad (15)$$

$Y(y,z)$ $Z(y,z)$Neste caso, podemos aplicar o integral curvilíneo sobre e sobre a curva *L* e denotar da seguinte forma:

$$A = \int_{M}^{(N)} Y(y,z)dy + Z(y,z)dz \qquad (16)$$

As letras M e N, que representam os limites de integração, estão entre parêntesis como sinal de que não são números, mas sim designações dos extremos da reta ao longo da qual se toma o integral curvilíneo. A direção ao longo da curva L do ponto M ao ponto N é a direção de integração.

$X(x,y,z)$, $Y(x,y,z)$, $Z(x,y,z)$No nosso caso, a curva L é espacial, pelo que o integral curvilíneo das três funções é definido de forma semelhante:

$$\int_{L} X(x,y,z)dx + Y(x,y,z)dy + Z(x,y,z)dz =$$

$$= \lim_{\substack{\Delta x_k \to 0 \\ \Delta y_k \to 0 \\ \Delta z_k \to 0}} \sum_{k=1}^{n} [X(x_k, y_k, z_k)\Delta x_k + Y(x_k, y_k, z_k)\Delta y_k + + Z(x_k, y_k, z_k)\Delta z_k].$$

A letra L sob o sinal do integral indica que a integração é efectuada ao longo da curva L. Note-se que a definição do integral curvilíneo permanece válida mesmo quando a curva L é fechada. Neste caso, a direção de rotação do elemento de corte é necessariamente indicada. Quando a direção de integração muda, o integral curvilíneo muda de sinal, uma vez que Δs (Fig. 5) e, consequentemente, as suas projecções Δx, Δy e Δz mudam de sinal.

Durante o processo, a margem cortada pela primeira lâmina gera uma determinada força, que é absorvida pelo eixo do mandril. Uma vez que a face posterior está envolvida no corte, absorve certas forças de corte, pelo que existem forças de reação. кSe a tensão b > 0, em comparação com Ru e Pz, a força Px aumenta drasticamente. Pode assumir-se que da força de corte resultante Px, a superfície posterior equilibra uma certa parte, que deve ser considerada por métodos matemáticos.

As alterações das deformações resultantes da ação de forças externas podem ser caracterizadas pelo vetor deslocamento e, cujas projecções nos eixos coordenados x, y, z serão designadas por u(x,y,z,t), v(x,y,t), w(x,y,z,t). Estes deslocamentos surgem num corpo elástico sob a ação de forças internas (tensões), que formam um tensor de tensões simétrico.

Considerando o elemento de volume e fazendo as equações de movimento para ele, obtemos:

$$
\begin{cases}
\rho \dfrac{\partial^2 u}{\partial t^2} = \dfrac{\partial \sigma x}{\partial x} + \dfrac{\partial \tau_{xy}}{\partial_y} + \dfrac{\partial \tau_{xz}}{\partial_z} + X, \\[2ex]
\rho \dfrac{\partial^2 v}{\partial t^2} = \dfrac{\partial \tau_{yx}}{\partial_x} + \dfrac{\partial \sigma_y}{\partial_y} + \dfrac{\partial \tau_{yz}}{\partial_z} + Y, \\[2ex]
\rho \dfrac{\partial^2 \omega}{\partial t^2} = \dfrac{\partial \tau_{zx}}{\partial_x} + \dfrac{\partial \tau_{zy}}{\partial_y} + \dfrac{\partial \sigma_z}{\partial_z} + Z
\end{cases}
\qquad (17)
$$

onde ρ é a densidade volúmica no ponto (x,y,z); X, Y, Z são as componentes das forças volúmicas externas. A relação entre as tensões que surgem durante a deformação e as suas caraterísticas é determinada pela lei de Hooke. Após algumas soluções e simplificações, temos:

$$
\left.
\begin{array}{l}
P \dfrac{\partial^2 u}{\partial t^2} = G\left\{\Delta u + \dfrac{m}{m-2}\dfrac{\partial \theta}{\partial x}\right\} + X, \\[2ex]
P \dfrac{\partial^2 v}{\partial t^2} = G\left\{\Delta v + \dfrac{m}{m-2}\dfrac{\partial \theta}{\partial y}\right\} + Y, \\[2ex]
P \dfrac{\partial^2 \omega}{\partial t^2} = G\left\{\Delta \omega + \dfrac{m}{m-2}\dfrac{\partial \theta}{\partial z}\right\} + Z
\end{array}
\right\} . \qquad (18)
$$

Para escrever o sistema de equações anterior como uma equação vetorial única, utilizamos a equação de Lamé:

$$
P\frac{\partial^2 u}{\partial t^2} = (\lambda + 2\mu)\,\text{grad div u} - \mu\,\text{rot u} + F. \qquad (19)
$$

$\mu = G, \quad \lambda = \dfrac{2}{m-2}G$ μ λIntroduzimos novas notações em que e são constantes de Lame, t-2

porque G e m são constantes em (17). Um vetor arbitrário F pode sempre ser representado como uma soma de

F = grad U + rot L,

em que U é um escalar e L é um potencial vetorial.

Seja u = grad F + rot Δ,

Onde $P\,\dfrac{\partial^2 \Phi}{dt^2} = (\lambda + 2\mu)\Delta\Phi + U, \quad \rho\dfrac{\partial^2 A}{\partial t^2} = \mu\Delta\Lambda + L,$

F - potencial volumétrico; A - potencial vetorial.

Note-se que, por substituição direta e definido desta forma, o parâmetro e satisfaz o sistema de equações (17), o que é plausível na presença de forças de massa. Nas equações, o potencial vetorial A decompõe-se, em alguns casos, em três equações escalares. A redução das equações a equações escalares separadas não pode ser vista até ao fim sem a aplicação ou o envolvimento de condições de fronteira, que podem ligar diferentes componentes e, assim, apresentar uma dificuldade considerável na divisão completa das equações.

Se as forças volumétricas estiverem ausentes, obtemos as equações homogéneas para os potenciais F e A

$$\rho\frac{\partial^2\Phi}{\partial t^2} = (\lambda+2\mu)\,\Delta\,\Phi, \qquad \rho\frac{\partial^2 A}{\partial t^2} = \mu\,\Delta A.$$

O estudo dos padrões de corte (Figuras 6 e 7) mostrou que foram alcançados os seguintes resultados:

a) O trabalho de deformação é reduzido porque a direção do movimento principal e o movimento de alimentação coincidem;

б) ce$^{V_{\partial}}$o trabalho de atrito de deslizamento é reduzido, uma vez que a direção do escoamento das aparas V , a velocidade resultante da aresta de corte da ferramenta V e a velocidade de rotação da peça de trabalho também coincidem em direção. E a possibilidade de regular a qualidade da maquinagem da superfície através da regulação permite alcançar não só a coincidência das direcções das duas primeiras (Fig. 6), mas também a sua igualdade de valor;

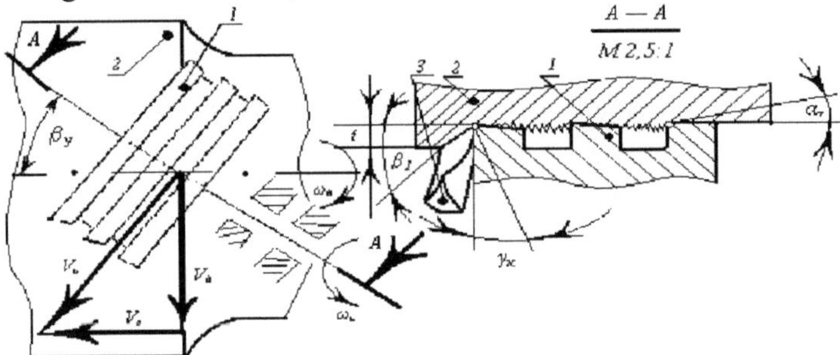

Fig. 6 - Fresa rotativa multi-lâmina para torneamento de corpos de rotação: 1 - elementos de corte; 2 - peça de trabalho; 3 - apara de separação, уккдидирβ - ângulo de instalação dos elementos de corte; β1 - ângulo de corte da camada cortada; α - ângulo cinemático posterior do elemento de corte; γ - ângulo cinemático frontal do elemento de corte; ω , ω - velocidade angular da peça e dos elementos de corte, respetivamente; V , V - velocidade linear da peça e dos elementos de corte, respetivamente; V - velocidade de corte.

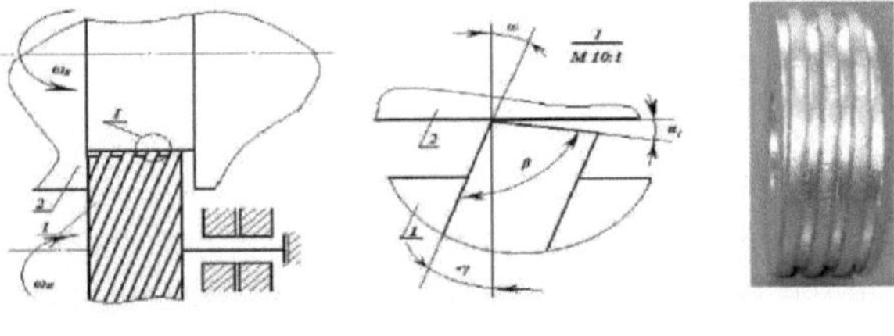

a *б*

Fig. 7 - Princípio de funcionamento de uma fresa de parafuso rotativa multi-lâminas: esquema (a) e foto (b) para zonas de apoio de peças de maior precisão: 1- elementos de corte. 2 - peça a maquinar. $_{днск}\omega$ - velocidade angular da peça; ω - velocidade angular dos elementos de corte; co - ângulo de elevação helicoidal; α - ângulo traseiro estático do elemento de corte; γ - ângulo frontal estático do elemento de corte; β - ângulo de cunha

в) ко atrito de deslizamento é substituído pelo rolamento na superfície posterior, o que é conseguido através da obtenção de um ângulo posterior negativo α , cuja escolha correta assegurará o cumprimento da alínea b) e, além disso, a qualidade da superfície maquinada pode ser controlada diretamente no processo de maquinação;

г) $_{y}$a área de contacto da ferramenta com a apara é reduzida e o cisalhamento (ângulo de cisalhamento β1) da apara é facilitado devido ao ângulo de ajuste ótimo β e à conceção da ferramenta correspondente;

д) ytornou-se possível alterar cinemáticamente os ângulos de corte através de um ajuste adequado (ângulo de ajuste β dentro de uma vasta gama (Fig. 6).

e) progressividade - o número de arestas de corte (elementos de corte) é aumentado com a atribuição de secções de desbaste, acabamento e calibragem, conforme necessário,

ж) Garantir uma velocidade elevada e estável do rotor igual à velocidade do movimento principal. $_{y}$Ao alterar os ângulos de ajuste β e φ da fresa, o valor do raio de curvatura pode ser ajustado numa vasta gama.

A aresta de corte 4 do dente da fresa cilíndrica desenvolvida (Fig. 8), em contacto com a camada a cortar, deforma-a facilmente na direção tangencial ao avanço de corte e retira a camada cortada da zona de corte sob a forma de aparas.

÷Ao mesmo tempo, a aresta de corte 5 da fresa cilíndrica, com o valor do ângulo frontal γ = - (22 25°), corta vieiras da superfície maquinada, suavizando a sua rugosidade. Para alimentar a zona de corte com um jato de alta pressão de fluido lubrificante e refrigerante, existe um orifício 6.

÷A substituição do atrito de deslizamento pelo atrito de rolamento entre a camada de corte e a superfície frontal da aresta de corte do dente da fresa cilíndrica, bem como os valores do ângulo de recuo α = 5 25°, minimizam a acumulação e a aderência do material maquinado nas arestas de corte, excluindo o deslizamento entre a superfície maquinada e a fresa, o que leva a um aumento da durabilidade da ferramenta e da produtividade do processo de corte.

A continuidade da aresta de corte do dente na forma de um disco de um moinho cilíndrico durante o seu movimento ao longo da trajetória do lemniscato de Bernoulli elimina as vibrações, o que permite melhorar significativamente esses indicadores de qualidade da superfície, como a redução do desvio da planicidade e da rugosidade.

скDurante o funcionamento, o ângulo estático α da superfície posterior do elemento de corte na cinemática α atinge zero.

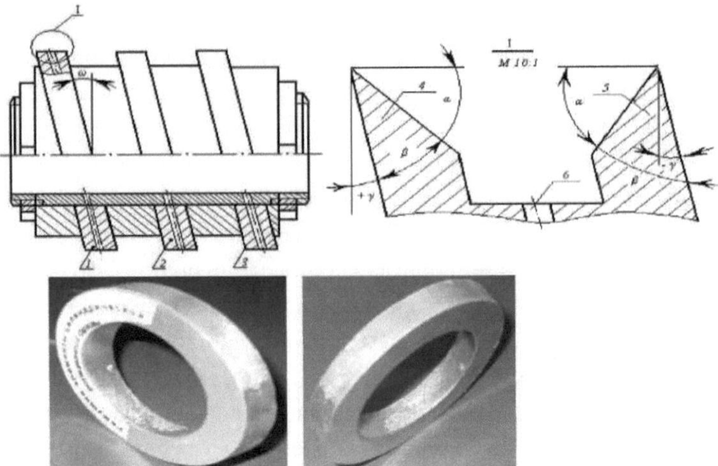

Fig. 8 - Fresa cilíndrica rotativa (a), foto (b) de protótipos de elemento de corte em P6M5: ω - ângulo de inclinação do dente da fresa; *a* - ângulo estático posterior da cunha de corte; *y* - ângulo frontal da cunha de corte; β - ângulo da cunha

$K_v = V_{И} / V_{Д}$ (V_u дEntão o coeficiente cinemático - velocidade de rotação da ferramenta; V - velocidade de rotação da peça) é igual a um, o que é comprovado pela experiência e por meios analíticos, ou seja, o processo de auto-rotação ocorrerá uniformemente.

A especificidade do processo de corte do método investigado é tal que o plano de cisalhamento (Fig. 9), à frente da aresta de corte, praticamente não entra em contacto com ela. стреA presença de um plano de cisalhamento real explica-se pela coincidência da direção de escoamento das aparas U com a velocidade resultante da aresta de corte V e pela substituição do atrito de deslizamento pelo atrito de rolamento nas superfícies de contacto.

No processo de deformação da camada cisalhada, obtém-se um esquema de carregamento plano, que é por vezes vulgarmente designado por esquema de "cisalhamento simples" (Bobrov F.V.).

1yA partir das experiências de medição do ângulo de cisalhamento β, verifica-se que, para determinados valores do ângulo de ajuste β e do avanço S, o ângulo de cisalhamento β1 atinge aproximadamente 45°.

1A diminuição da intensidade da deformação plástica da camada de corte e do atrito na superfície frontal da ferramenta, causada pelo auto-movimento da aresta de corte em torno do seu eixo, deve afetar a redução da temperatura de corte.

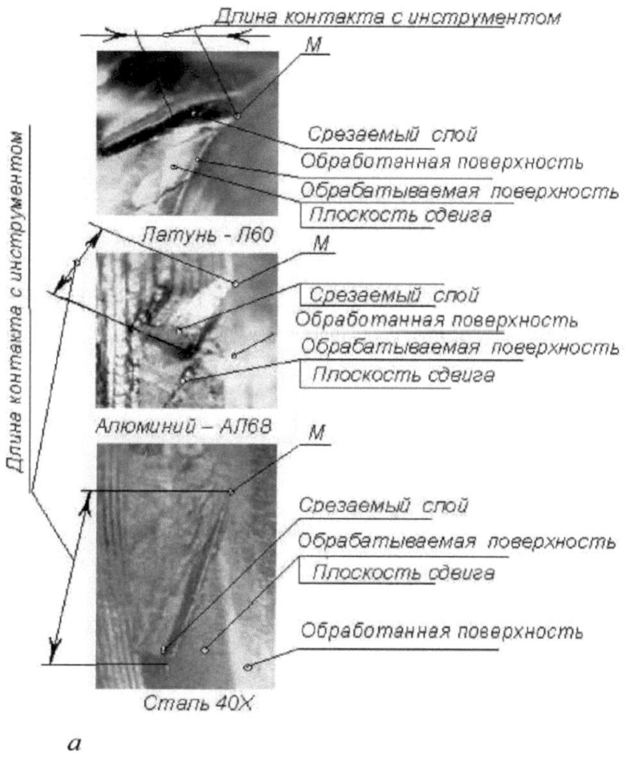

а

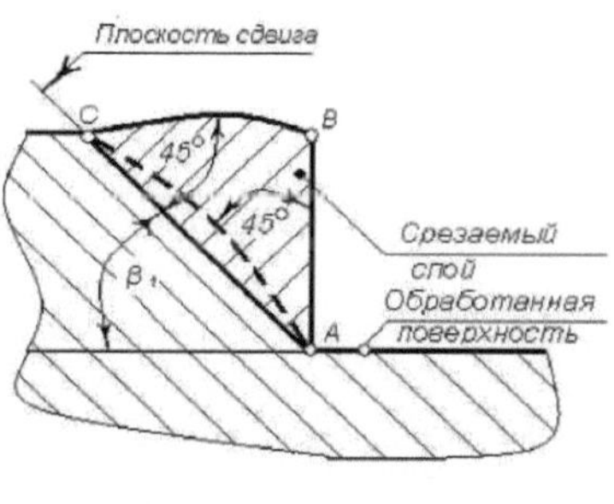

б

Fig. 9 - O carácter do plano de cisalhamento durante o processamento do material (a) e o esquema para determinar o ângulo de cisalhamento da pastilha β1 (b)

Os resultados mais típicos das medições de força e temperatura são apresentados na Fig. 10.

O quinto capítulo descreve os processos de deformação e a formação de aparas durante a RO. É apresentado o estudo teórico do cálculo do arco ativo da aresta de corte, bem como a determinação dos parâmetros cinemáticos da ferramenta rotativa. Devido à curvilinearidade da lâmina de corte, é difícil determinar as dimensões da área de contacto (Fig. 11).

yTodos os parâmetros de regulação, exceto β , são considerados na cinemática. $_{yкYcmy}KM'_{y}K'M'_{ay}K'M'$Depois de especificar a coincidência do ângulo da apara e o valor do ângulo de regulação β (Fig. 12, d), é necessário determinar os valores de P utilizando a velocidade da apara V - Sin β = KM/KM consequentemente = KM sin β ; = L sin β + S; = V cm-

$_{yyкys}$Se uma fresa rotativa montada num ângulo p em relação ao eixo da peça for rodada em torno do seu eixo para além do movimento de avanço, o ângulo de trabalho (ângulo cinemático) β será igual ao ângulo β (Bazin V.T.).

$$\beta_{ys} = \beta_y - \operatorname{arctg}\frac{S}{V},$$ depois

$$tg_{yk} = \frac{V_{cm}\cos\beta_y S}{\sqrt{V^2 + S^2 + V_{cm}\sin\beta_{ys}}} \qquad (20)$$

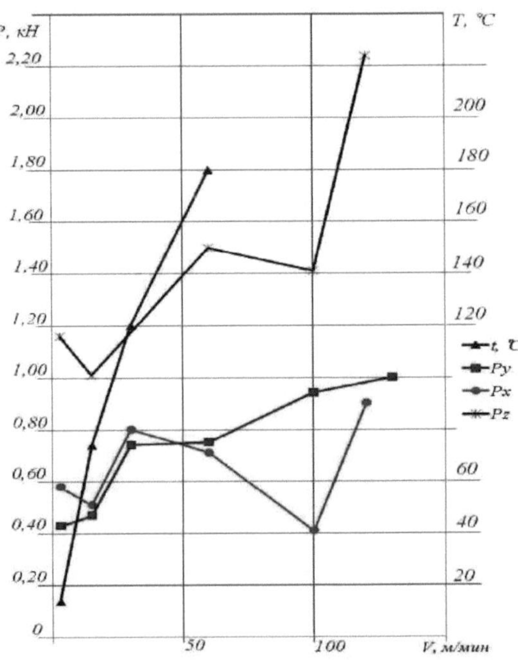

$_{y}\alpha$**Fig. 10** - Dependência da temperatura e dos componentes das forças de corte na velocidade de corte: modos de corte: β = 23°; t = 1mm; = 0°, lâmina única RR, ponto "M" no centro, material maquinado aço 45, material da ferramenta P6M5.

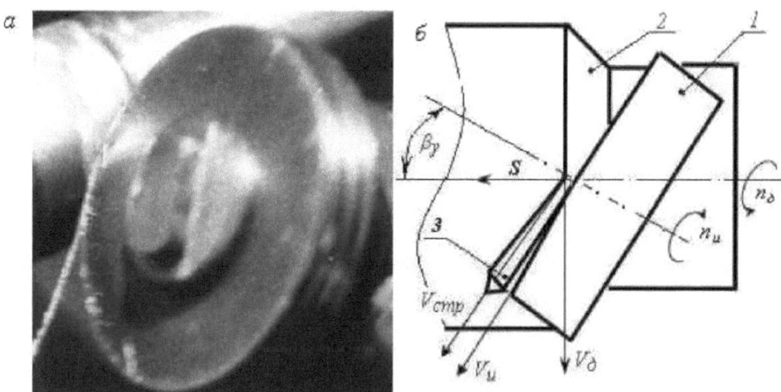

дИ**Fig. 11** - Processo (a) e esquema (b) de corte por ferramenta rotativa multi-lâmina: 1 - elementos de corte; 2 - peça de trabalho; 3 - separação de aparas, βy - ângulo de instalação dos elementos de corte; ω, ω, - velocidade angular da peça e dos elementos de corte, respetivamente; V , V - velocidade linear da peça e dos elementos de corte, respetivamente.

O foco principal do capítulo é a questão da formação de aparas durante a RO. No início do contacto entre a ferramenta e a peça, no ponto M (Fig. 9), a ferramenta começa a cisalhar a peça com uma pequena espessura e, no final do contacto, ou na saída, a camada de metal cisalhada toma a forma de uma apara. $\overline{AC}$ Em RO, devido à auto-rotação (não deslizamento) da ferramenta, a apara sofre deformação apenas num dos lados, e o resultado é uma apara de forma triangular na secção transversal (Fig. 9, b), em que o lado está no lado oposto em relação à ferramenta que desliza na superfície de corte da apara. $\overline{CB}$Chamamos a este lado livre , uma vez que não entra em contacto com nada. $\overline{AB}$O lado da fresa é a aresta do triângulo . $\overline{AB}$Em todas as posições do ângulo de ajuste, a superfície de , é brilhante e uniforme. $\overline{AB}$A razão para este facto é que a limalha deslocada se apoia CONTRA a superfície frontal da fresa com o lado . $\overline{AC}$ O lado do triângulo é reto na secção transversal. $\overline{CB}$O lado livre do triângulo é côncavo. A área do triângulo é proporcional ao avanço S, à profundidade de corte t e à velocidade de corte V. укO ângulo da apara tem os mesmos valores que o ângulo de ajuste β . yUma vez que a apara separada é dirigida na direção da velocidade da peça e a superfície frontal da ferramenta não o permite, a retração da apara aumenta à medida que o ângulo de regulação β aumenta. O coeficiente de retração da apara KL dá uma indicação qualitativa do grau de deformação da camada cortada, mas não pode servir totalmente como indicador quantitativo. пPor isso, estudámos a secção transversal da apara, a sua forma, a dureza e o fator de largura transversal K .

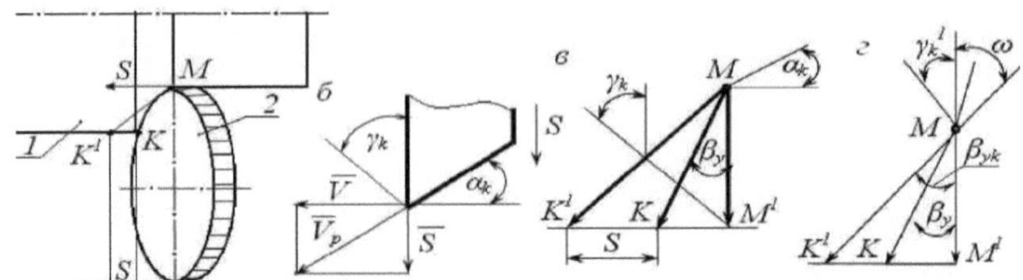

Fig. 12 - Esquemas de determinação dos parâmetros cinemáticos da ferramenta rotativa: 1- peça; 2 ferramenta rotativa

yO ângulo de regulação β , que influencia as condições de deformação da camada de corte, influencia obviamente o tamanho e a forma da apara. yQuanto maior for o ângulo de ajuste β , mais a apara perde a sua forma triangular. yEm ângulos de instalação superiores a β > 50°, a forma do triângulo muda drasticamente e a camada de metal cisalhada transforma-se numa apara articulada e, em seguida, numa apara elementar (na maquinagem de aço 40X).

$\overline{AC}$ No valor dos ângulos de ajuste e dos modos de corte, em certas gamas, a secção transversal da apara tem a forma de um triângulo retângulo, e se tivermos em conta a concavidade do lado (Fig. 9), o ângulo A ≈ 45°, e o ângulo C é também igual ao ângulo C ≈ 45°. Utilizando o diagrama apresentado na Fig. 9, o ângulo de corte β1 pode ser calculado. $\overline{CA}$∠C ∠AO lado da pastilha DESLIZA SOBRE A superfície de corte e deve tomar os ângulos e sobre a superfície de deslizamento. ∠ASe = 45°, então o ângulo de corte β1 é β1 = 45°. Isto confirma que, quando a camada de cisalhamento é cortada, a falha do metal ocorre ao longo da diagonal da secção, que é igual a 45°. Neste caso, existe um "cisalhamento puro" do metal, sendo gasta a menor energia possível. Neste caso, os resultados do estudo da secção transversal das aparas obtidas durante a maquinagem rotativa são apresentados nas Figuras 13 e 14.

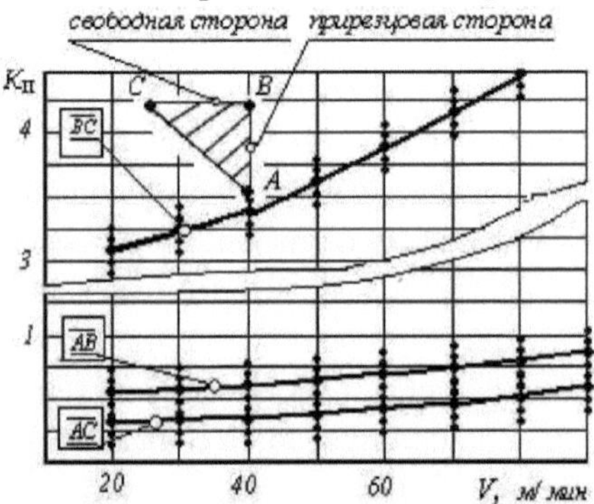

nyFig. 13 - Efeito da velocidade de corte *V* no coeficiente de alargamento transversal da apara K . com ângulo de ajuste da ferramenta β = 20°; avanço S = 0,11 mm/rev;

profundidade de corte t = 1 mm; material da ferramenta - P6M5; material maquinado - aço 40X.

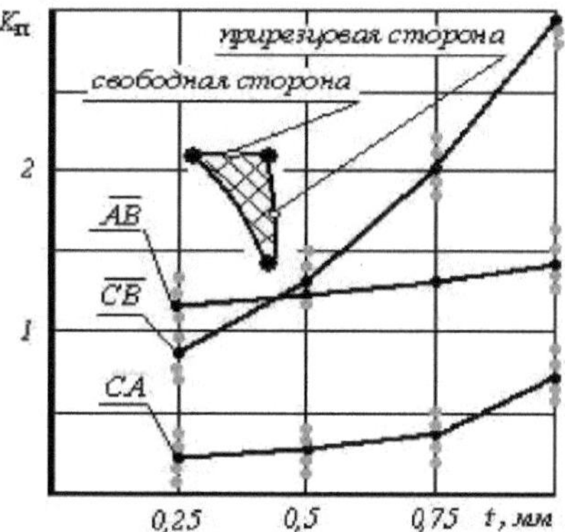

пуFig. 14 - Influência da profundidade de corte t no coeficiente de alargamento transversal da apara K: à velocidade de corte V = 3 m /min; ângulo de afinação da ferramenta β = 30°; avanço S = 0,52 mm/rev; material da ferramenta - P6M5; material maquinado - aço 40X.

Em quaisquer valores de velocidade de corte, a forma das aparas é a mesma, e com o aumento da velocidade, o comprimento dos lados LAWS aumenta monotonicamente. À medida que a profundidade de corte t aumenta, a espessura da camada de corte aumenta. Consequentemente, espera-se o alargamento da secção transversal da apara. À medida que S aumenta, as secções transversais da secção transversal da apara obtida ΔABC aumentam.

y^2y^2Os resultados das medições mostram que, à medida que o ângulo de instalação aumenta, a deformação da camada de cisalhamento aumenta, uma vez que, nos ângulos de instalação β = 10 - 20°, a dureza não excede 260 kG/mm e, em β < 25°, a dureza é superior a 290 kG/mm.

$\overline{AC}$ $\overline{BC}$ Quanto maior for a profundidade do corte, mais difícil será deslocar a camada, uma vez que o comprimento dos lados do triângulo e (Fig. 9) aumenta acentuadamente e forma-se um triângulo de ângulo obtuso.

No sexto capítulo, são destacadas as questões da durabilidade das ferramentas de corte na RO. Foram efectuados estudos experimentais para abordar as questões acima referidas e para determinar as caraterísticas de desgaste das ferramentas rotativas.

$_y$O comprimento do chanfro de desgaste na superfície traseira igual a 0,35 - 0,4 mm e o tempo de trabalho - 30 horas a V = 50 m/min; S = 0,1 mm; β = 22°; β =20° foram recomendados como critério para o embotamento de ferramentas de corte de alta velocidade.

Devido ao seu design, podem ser dispostas várias lâminas de corte para desbaste, acabamento e acabamento de superfícies (Fig. 2, 3, 4). A conceção progressiva e multi-lâminas destas ferramentas de corte rotativas permite aumentar a sua durabilidade, em comparação com um cortador de lâmina única, porque a profundidade de corte t pode ser distribuída uniformemente entre as lâminas, em todas as lâminas disponíveis. A multi-lâmina permite combinar as operações de corte e a deformação plástica da superfície. São dadas recomendações práticas para a afiação das ferramentas de corte.

A elevada estabilidade dimensional das ferramentas rotativas permite a sua utilização na maquinação de produtos com elevados requisitos de precisão geométrica. Esta tecnologia de maquinação tem um valor prático especial se as dimensões da peça de trabalho forem significativas.

A análise dos resultados revelou as peculiaridades do carácter de desgaste da ferramenta em comparação com a fresa tradicional e confirmou plenamente os pressupostos declarados.

No sétimo capítulo, são apresentados os resultados da investigação que mostra as caraterísticas do efeito da maquinagem rotativa na qualidade da superfície maquinada. A resistência à deformação altera-se de acordo com diferentes padrões. Com o aumento da velocidade de corte, o ferro fundido é deformado sem alterações visíveis na intensidade. O aço estrutural 45 também é geralmente sujeito a deformação com o aumento da velocidade devido ao aumento da temperatura Q. Para o aço 12X18HIOT, observa-se a mesma dependência com uma mudança notável na intensidade de desendurecimento. Na gama de $V > 0,5$ m/s, observa-se o endurecimento.

CAPÍTULO 3

CONCLUSÕES E RECOMENDAÇÕES GERAIS

Como resultado das pesquisas realizadas com o objetivo de aumentar a qualidade dos produtos, o problema atual no campo do desenvolvimento de novos métodos de processamento de detalhes por corte é resolvido.

Os resultados do trabalho permitem tirar as seguintes conclusões.

1. Foi desenvolvido um método de maquinação economizador de recursos para torneamento por ferramentas de corte rotativas e fresagem, proporcionando uma elevada qualidade da superfície maquinada, aumentando a durabilidade da cunha de corte, utilizando recursos internos de corte e parâmetros cinemáticos da ferramenta de corte com baixo consumo de energia.

2. São criadas construções originais de ferramentas rotativas com várias lâminas e são determinadas as condições racionais do seu funcionamento, excluindo as operações de acabamento, acabamento e finalização, para a maquinação de peças de trabalho difíceis de maquinar a partir de materiais dúcteis e endurecidos sob deformação, propensos à formação de excrescências.

3. As peculiaridades da mecânica de interação entre a ferramenta de corte rotativa e o material processado são modeladas matematicamente, é feita uma análise estrutural e paramétrica dos parâmetros do equipamento de corte de materiais que poupa recursos.

4. Dependências matemáticas para determinar:

- trabalho dedicado às deformações plásticas na camada de cisalhamento durante o processamento rotativo de materiais;
- caraterísticas geométricas da zona de contacto da superfície do material maquinado com a superfície da fresa, com base em representações modelares de uma superfície rugosa com corpos móveis sob pressão;
- regularidades da propagação de calor na RO dos materiais para o caso de se fixar o fluxo de calor nas fronteiras de contacto, bem como para condições de fronteira arbitrárias que satisfaçam as condições de troca de calor em toda a superfície tratada, incluindo sob a fonte.

5. Установлено, что разработанная технология ротационной обработки увеличивает срок службы режущего инструмента на два порядка, т.$\div_a$ou seja, aumenta a durabilidade da ferramenta rotativa multi-lâmina de aço P6M5 no processamento de aços endurecidos até T 30 horas, aumenta a produtividade do processamento (em comparação com o tradicional) em 4 8 vezes; permite controlar a qualidade da superfície processada com obtenção de rugosidade R $<_p\div\div\div$0,32 μm no comprimento relativo da superfície de apoio t = 65% ao nível da secção transversal do

perfil 0,6 mm com o grau de deformação dentro de 0,36 0,42 e endurecimento da camada superficial a uma profundidade de até 0,5 mm; reduz a temperatura média de corte nas superfícies de contacto para 200 300 ° C; reduz a força de corte (a força de corte é reduzida em 15 20%); reduz o consumo de material de ferramentas.

6. É desenvolvido o método de cálculo dos fenómenos térmicos na maquinação rotativa multi-lâmina.

7. Foi estabelecido que o atrito de deslizamento que surge durante a maquinação de produtos entre a superfície maquinada e a ferramenta afecta significativamente a temperatura na zona de corte, quanto maior for o valor do coeficiente de atrito de deslizamento μ, mais calor é libertado. A substituição do atrito de deslizamento pelo atrito de rolamento durante a maquinagem rotativa reduz significativamente o calor gerado e conduz a um aumento da durabilidade da ferramenta.

8. Está provado que a redução da intensidade da deformação plástica da camada de corte e do atrito na superfície frontal da ferramenta, causada pelo auto-movimento da aresta de corte em torno do seu eixo, acaba por reduzir a temperatura de corte.

9. Verifica-se que as diferenças de microrrelevos das superfícies (em termos de forma, inclinação das microrrugosidades e outros parâmetros) processadas pela mó e pela ferramenta circular multi-lâminas não são significativas.

10. Os resultados da investigação são aplicados na JSC "Kardanval" e na LLP "Mechanical Plant" Shymkent da República do Cazaquistão, bem como no centro de formação da República do Cazaquistão
processo sobre a disciplina "Fundamentos da teoria do corte" para estudantes da especialidade "Engenharia Mecânica" da Universidade Estatal do Cazaquistão do Sul com o nome de M. Auezov.

CAPÍTULO 4

AS PRINCIPAIS DISPOSIÇÕES DO TRABALHO DE DISSERTAÇÃO ESTÃO REFLECTIDAS NAS SEGUINTES PUBLICAÇÕES

1. **Khodjibergenov D.T.** Relação entre o ângulo frontal y e o ângulo de corte P durante a maquinagem rotativa [Texto] / D.T. Khodjibergenov, G.S. Mukhamadiev // Izvestiya Vuzov. Jornal do Ministério do Ensino Superior e Secundário Especializado da República do Uzbequistão. - Tashkent, 2000. - № 4. - C. 3-5.

2. **Khodjibergenov D.T.** Parâmetros cinemáticos do processo de corte na maquinagem rotativa [Texto] / D.T. Khodjibergenov, A. Abdukarimov // Problemas de Mecânica. Jornal da Academia de Ciências da República do Uzbequistão. - Tashkent, 2000. - № 1. - C. 66-69.

3. **Hodzhibergenov D.T.** Processamento rotacional de materiais [Texto] / D.T. Hodzhibergenov, I.K. Kushnazarov, T.A. Sagdiyev // Aircraft Monitoring. Conferência científica e técnica internacional. - Tashkent, 2000. - C. 34-36.

4. **Khodjibergenov D.T.** Qualidade de uma camada superficial no processamento de corte e endurecimento [Texto] / D.T. Khodjibergenov, I.K. Kushnazarov, M.S. Usmanov // Problemas de operação e melhoria dos sistemas de transporte. Coleção interuniversitária de artigos científicos. - SPb, 2001. - C. 111-113.

5. **Hodzhibergenov D.T.** Otimização das operações tecnológicas na execução de trabalhos de reparação de aeronaves com base no ATB em condições de aeródromo [Texto] / D.T. Hodzhibergenov, I.K. Kushnazarov, M.S. Usmanov // Problemas de funcionamento e melhoria dos sistemas de transporte. Coleção interuniversitária de artigos científicos. - SPb., 2001. - C. 114-117.

6. **Khodjibergenov, D.T.** Alteração dos parâmetros da área de contacto com o deslocamento tangencial dos corpos [Texto] / D.T. Khodjibergenov // Aircraft Monitoring. Conferência científica e técnica internacional. - Tashkent, 2003. - C. 33-35.

7. **Khodjibergenov D.T.** Problema térmico no processo de corte rotativo multi-lâmina [Texto] / D.T. Khodjibergenov // Ciência e Educação do Cazaquistão do Sul. Revista científica republicana. Série: Aparelhos de processo. - Shymkent, 2005. - C. 166-169.

8. **Khodjibergenov, D.T.** Caraterísticas da mecânica da interação entre a ferramenta rotativa e o material da peça processada [Texto] / D.T. Khodjibergenov // Mecânica e modelação de processos tecnológicos. Revista científica e teórica. Taraz, 2005. - C. 224-226.

9. **Khodjibergenov D.T.** Gestão da qualidade da superfície maquinada [Texto] / R. Alsherova, Sh. Orazymbetov, D.T. Khodjibergenov, A.K. Zhusipbekov //Estratégia de entrada do Cazaquistão nos 50 países mais competitivos do mundo. 9.ª Conferência de Estudantes de Ciências Naturais, Sociais, Humanitárias e Económicas. - Shymkent, 2006. - C. 254-266.

10. **Khodjibergenov D.T.** Gestão da qualidade da superfície maquinada na maquinação rotativa multi-lâmina [Texto] / D.T. Khodjibergenov, O.B. Kambarova // Search. Kambarova // Poisk. Aplicação científica da revista internacional. "Escola Superior". Ministério da Educação e Ciência do Cazaquistão da República do Cazaquistão. Série de ciências naturais e técnicas. - Almaty, 2006. - C. 274-276.

11. **Khodjibergenov D.T.** Efeito dos modos de corte na durabilidade e no desgaste durante a maquinagem rotativa [Texto] / D.T. Khodjibergenov, S. Abdraimov, O.B. Kambarova // Search. Kambarova // Poisk. Aplicação científica da revista internacional. Série de ciências naturais e técnicas. "Escola Superior" Ministério da Educação e Ciência do Cazaquistão da República do Cazaquistão. - Almaty, 2006. - C. 276-280.

12. **Hodzhibergenov D.T.** Análise de processos de processamento mecânico de materiais [Texto] / D.T. Hodzhibergenov, S. Abdraimov, A.K. Zhusupbekov // Melhorar a relação entre a ciência da educação no século XXI e os problemas actuais de formação de qualidade de especialistas altamente qualificados. Actas da conferência científica e metódica internacional. - Shymkent, 2006. - C. 208-209.

13. **Hodzhibergenov D.T.** Método de processamento de materiais [Texto] / D.T. Hodzhibergenov, S. Abdraimov, A.D. Kadyrbekov // Melhorar a relação entre a ciência da educação no século XXI e os problemas actuais da formação de qualidade de especialistas altamente qualificados. Actas da conferência científica e metódica internacional. - Shymkent, 2006. - C. 209-210.

14. **Khodjibergenov D.T.** Investigação da influência dos modos de corte na maquinagem rotativa multi-lâmina na qualidade da superfície maquinada

[Texto] / D.T. Khodjibergenov, V.N. Pechersky // Actas da Universidade. Karaganda: Universidade Técnica Estatal de Karaganda, 2006. - C. 42-43.

15. **Hodjibergenov D.T.** Influência dos esquemas cinemáticos no processamento rotativo [Texto] / D.T. Hodjibergenov, A.K. Zhusipbekov, A.D. Kadyrbekov, J.A. Sadykov // Desenvolvimento industrial e inovador - a base da sustentabilidade da economia do Cazaquistão. Conferência Internacional Científica e Prática. - Shymkent, 2006. - C. 444-446.

16. **Hodzhibergenov, D.T.** Processamento rotativo de materiais com várias lâminas [Texto] / D.T. Hodzhibergenov, A.K. Zhusipbekov, D.S. Myrzaliev, I.K. Kushnazarov // O papel e as tarefas das instituições de ensino na formação da base da "Economia Inteligente". Conferência científico-prática republicana. - Shymkent, 2007. Vol. VI. - C. 100- 102.

17. **Khodjibergenov D.T.** Análise das deformações da superfície maquinada na maquinação rotativa [Texto] / D.T. Khodjibergenov, A.K. Zhusipbekov, V.N. Pechersky // Ciência e Educação do Cazaquistão do Sul. Revista científica republicana. Série: Mecânica e engenharia mecânica. -Shymkent, 2007. - № 2 (61). - C. 146-149.

18. **Khodjibergenov D.T.** Análise da distribuição da temperatura de corte durante a maquinação rotativa de materiais [Texto] / D.T. Khodjibergenov, A.K. Zhusipbekov, V.N. Pechersky // Ciência e Educação do Cazaquistão do Sul. Revista científica republicana. Série: Mecânica e engenharia mecânica. - Shymkent, 2007. - № 4 (63). - C. 31-34.

19. **Hodzhibergenov D.T.** Análise dos parâmetros cinemáticos da ferramenta rotativa [Texto] / D.T. Hodzhibergenov, A.K. Zhusipbekov, J.A. Sadykov // M. Auezov - génio do novo tempo. Conferência científica e prática internacional. - Shymkent, 2007. Vol. No. 10. - C. 120-123.

20. **Khodjibergenov D.T.** Metaldardy zertteu zhane sonau tesider! [Texto] / A.K. Zhusipbekov, D.T. Hodzhibergenov, J.A. Sadykov, D.S. Myrzaliev // Otsu kuraly. - Shymkent: M.Euezov atyndagy Oztust!k K,azakstan Memlekettzh University, 2007. -108 б.

21. **Khodjibergenov D.T.** Análise de processos de processamento mecânico [Texto] / A.Tokhtamuratov, D.T. Khodjibergenov, A.K. Zhusipbekov // Espaço

Científico e Técnico. Actas da conferência científico-prática de estudantes, mestres, pós-graduados e jovens cientistas, - Shymkent, 2008. - C. 74-75.

22. **Khodjibergenov D.T.** Reforço da superfície maquinada durante o corte [Texto] / D.T. Khodjibergenov, V.N. Pechersky, A.K. Zhusipbekov // Ciência e Educação do Cazaquistão do Sul. Revista científica republicana. Série: Engenharia. - Shymkent, 2008. - № 3(68). - C. 129132.

23. **Hodzhibergenov D.T.** Metodologia do estudo experimental da formação de aparas no corte de metais [Texto] / M.D. Akhmetov, I. Bultachiev, A.J. Umirzakov, D.T. Hodzhibergenov, A.K. Zhusipbekov // Integração da ciência e da produção - a criatividade dos jovens. Conferência científica e prática de estudantes, mestres, pós-graduados e jovens cientistas. - Shymkent, 2009. - C. 36-39.

24. **Khodjibergenov D.T.** Medição da temperatura na zona de corte de metais [Texto] / N.J. Askarov, K.M. Kistaubaeva, A.J. Umirzakov, D.T. Khodjibergenov, A.K. Zhusipbekov // Integração da ciência e da produção - a criatividade dos jovens. Conferência científica e prática de estudantes, mestres, pós-graduados e jovens cientistas. - Shymkent, 2009. - C. 39-42.

25. **Khodjibergenov, D.T.** Análise do ângulo de cisalhamento Pi na maquinação de metais por corte [Texto] / D.T. Khodjibergenov, V.N. Pechersky, A.K. Zhusipbekov // Mechanics and Modelling of Technology Processes. Revista teórico-científica. Taraz, 2008. - № 2. - C. 190-192.

26. **Khodjibergenov D.T.** Disseminação de calor no trabalho rotativo de metais com várias lâminas [Texto] / D.T. Khodjibergenov // Ciência e Educação do Cazaquistão do Sul. Revista científica republicana. Série: Engenharia. - Shymkent, 2009. - № 3(76). - C. 90-93.

27. **Khodjibergenov D.T.** Trabalho sobre as deformações plásticas na camada de cisalhamento no processamento rotativo de metais [Texto] / D.T. Khodjibergenov // Ciência e Educação do Cazaquistão do Sul. Revista científica republicana. Série: Engenharia. - Shymkent, 2009. - № 6 (79). - C. 13 8-140.

28. **Hodzhibergenov D.T.** Ferramentas para torneamento rotativo [Texto] / D.T. Hodzhibergenov, A.K. Zhusipbekov, J.A. Sadykov // Direcções prospectivas de energias alternativas e tecnologias de poupança de energia. Actas da conferência internacional científico-prática. - Shymkent, 2010. - C. 174-176.

29. **Khodjibergenov D.T.** Desenvolvimento de uma metodologia para o estudo das forças de corte durante o torneamento com ferramenta rotativa [Texto] / N. Askarov, D.T. Khodjibergenov, A.K. Zhusipbekov // Nova década - novo crescimento económico - novas oportunidades do Cazaquistão. Conferência científica e prática de estudantes, mestres, mestrandos, pós-graduados e jovens cientistas. - Shymkent, 2010. - C. 11-13.

30. **Khodjibergenov D.T.** Investigação sobre métodos de desgaste de ferramentas de corte e superfícies de peças de máquinas [Texto] / N.G. Shadiev, D.T. Khodjibergenov, Zhusipbekov A.K. // Construir o futuro juntos. 14.ª conferência científica de estudantes de ciências naturais, técnicas, sociais-humanas e económicas. - Shymkent, 2011. - C. 13-15.

a. 38 **Hodzhibergenov D.T.** Influência de vários factores nas forças Px, Ru, Pz durante o torneamento com uma fresa rotativa [Texto] / D.T. Hodzhibergenov // Educação e Ciência sem Fronteiras-2010. Materiais da VI Conferência Internacional Científica e Prática - Przemysl (Polónia), 2010. - C. 21-25.

31. **Khodjibergenov, D.T.** Effect of cutting modes on the transverse chip shrinkage at multiblade rotary machining [Text] / D.T. Khodjibergenov // Engineering Technics of mechanical engineering. Revista científica e técnica. -M.: Mashizdat, 2011. № 1 (77). - C. 13-16.

32. **Khodjibergenov D.T.** Esquemas de corte de processos de maquinagem de lâminas [Texto] / B.M. Sunnatov, D.T. Khodjibergenov // Trabalhos científicos da Universidade Estatal do Cazaquistão do Sul com o nome de M. Auezov. - Shymkent. - 2010. - № (1) 19. - C. 185-189.

33. **Hodzhibergenov D.T.** Método progressivo de obtenção da peça [Texto] / B.M. Sunnatov, D.T. Hodzhibergenov // Leituras de Auezov - 9: Formas de desenvolvimento inovador da ciência, educação e cultura na nova década. Actas da conferência internacional científico-prática, - Shymkent, 2010. - C. 279-281.

34. **Hodzhibergenov D.T.** Método rotacional de maquinagem da peça [Texto] / K.T. Sherov, D.T. Hodzhibergenov // Izvestiya Vuzov. Bishkek, 2010. - № 9. -C. 3-5.

35. **Khodjibergenov D.T.** Medição da temperatura na zona de corte durante a maquinagem rotativa [Texto] / B.M. Sunnatov, D.T. Khodjibergenov, N.G. Shadiev, D.Y. Yusvalieva // Desenvolvimento de tecnologias inovadoras e de

informação na educação - a base da qualidade da formação especializada. - Shymkent, 2011. - C. 237-239.

36. **Khodjibergenov D.T.** Análise de esquemas cinemáticos de corte de materiais [Texto] / B.M. Sunnatov, D.T. Khodjibergenov, A.K. Zhusipbekov // O Cazaquistão renovado no espaço mundial - realizações e perspectivas de desenvolvimento. Conferência científico-prática republicana. - Shymkent, 2011. - C. 306-308.

37. **Hodzhibergenov D.T.** Caraterísticas da ferramenta de corte rotativa multi-lâmina [Texto] / B.M. Sunnatov, D.T. Hodzhibergenov // Naukawa mysl infocrmacyjnej powieki-2011. Actas da VII Conferência Internacional Científica e Prática. - Przemysl (Polónia), 2011. 22-27.

38. **Khodjibergenov D.T.** Tratamento de reforço de superfícies por deformação plástica [Texto] / D.T. Khodjibergenov, K.T. Sherov // Izvestiya Vuzov. Bishkek, 2010. - № 9. - C 9-11.

39. **Khodjibergenov D.T.** Plastic deformations in the sheared layer at rotary metal working [Texto] / B.M. Sunnatov, D.T. Khodjibergenov // Najovit nauchni postizheniya-2011. Materiais da VII Conferência Internacional Científica e Prática. - Sofia (Bulgária), 2011. - C 26-29.

40. **Hodzhibergenov D.T.** Caraterísticas da ferramenta de corte e de reforço [Texto] / D.T. Hodzhibergenov // Problemas de Mecânica. Jornal da Academia de Ciências da República do Uzbequistão. - Tashkent, 2010. - № 3. - C. 66-69.

41. **Khodjibergenov, D.T.** Análise dos fenómenos de temperatura do processamento rotativo / D.T. Khodjibergenov, K.T. Sherov. // Izvestiya Vuzov. Bishkek, 2011.- № 6.-P. 9-11.

42. **Khodjibergenov D.T.** Camada de corte na maquinagem rotativa [Texto] / D.T. Khodjibergenov // Problemas de Mecânica. Jornal da Academia de Ciências da República do Uzbequistão. - Tashkent, 2010. - № 4. - C. 26-29.

43. **Khodjibergenov D.T.** Ferramenta de corte rotativa. Patente RK № 24688 [Texto] / D.T. Hodzhibergenov, A.K. Zhusipbekov, B.M. Sunnatov // Publicado em 17.10.2011, Boletim No. 10.

44. **Khodjibergenov D.T.** Patente RK № 24240. Ferramenta de corte rotativa [Texto] / D.T. Hodjibergenov, A.K. Zhusipbekov, N.J. Askarov // Publicado em 15.07.2011, Boletim No. 7.

45. **Khodjibergenov D.T.** Patente RK № 24239. Fresa cilíndrica [Texto] / D.T. Hodjibergenov, A.K. Zhusipbekov, N.J. Askarov // Publicado em 15.07.2011, Boletim n.º 7.

46. **Hodzhibergenov D.T.** Fundamentos da teoria do corte: livro didático [Texto] / D.T. Hodzhibergenov // - Shymkent, 2008. - 114 c.

47. **Hodzhibergenov D.T.** Componentes da força de corte na maquinagem rotativa [Texto] / D.T. Hodzhibergenov, B.M. Sunnatov // Ciência e Educação do Cazaquistão do Sul. Revista científica republicana. Série: Engenharia Mecânica. Shymkent, 2011. - №. 4 (90). - C. 131-133.

48. **Hodzhibergenov D.T.** Análise do processo de corte de materiais [Texto] / D.T. Hodzhibergenov, K.T. Sherov. // Izvestiya Vuzov. Bishkek, 2011. - № 9. - C. 19-22.

49. **Hodzhibergenov D.T.** Character of chip formation at rotary machining [Texto] / D.T. Hodzhibergenov, B.M. Sunnatov // Mecânica e modelação de processos tecnológicos. Revista científica e teórica. - Taraz, 2011. - № 2. - C. 259-262.

50. $_x$**Khodjibergenov, D.T.** Influência de vários factores nas forças P , Ru, Pz no torneamento por uma fresa rotativa [Texto] / D.T. Khodjibergenov // Técnicas de Engenharia Mecânica. Revista científica e técnica. - M.: 2012. - № 1 (81).-C. 12-15.

51. **Hodzhibergenov D.T.** Qualidade da superfície maquinada na maquinação rotativa [Texto] / D.T. Hodzhibergenov, K.T. Sherov // Izvestiya Vuzov. - Bishkek, 2012. - № 6. - C 3-5.

52. **Khodjibergenov D.T.** Investigação do ângulo de corte na maquinagem rotativa [Texto] / D.T. Khodjibergenov // Processamento de metais. Revista científica, técnica e industrial da SB RAS. - Novosibirsk, 2012. - № 5 (55). - C. 22-27.

53. **Khodjibergenov D.T.** Condutividade térmica do material processado durante o processamento rotativo de metais [Texto] / K.T. Sherov, D.T. Khodjibergenov // Ciência e novas tecnologias. - Bishkek, 2012. - № 6. - C. 9-11.

54. **Khodjibergenov, D.T.** Perspectivas de processamento de materiais por corte [Texto] / D.T. Khodjibergenov // Mashinostroitel. Revista científica e técnica industrial. - M.: 2012. - № 4. - C. 37-42.

55. **Khodjibergenov D.T.** Resistência da ferramenta rotativa [Texto] / D.T. Khodjibergenov, K.T. Sherov // Ciência e novas tecnologias. - Bishkek, 2012.- No. 6.-C. 3-5.

56. **Hodzhibergenov D.T.** Kesu theoryasynyts nepzder! [Texto] / D.T. Hodzhibergenov // Okulpu - Shymkent, 2012. - 204 б.

57. **Khodjibergenov D.T.** Cinemática e dinâmica do processo de maquinagem rotativa [Texto] / D.T. Khodjibergenov // Monografia. - Shymkent: Universidade Estatal do Cazaquistão do Sul com o nome de M.Auezov. M. Auezov, 2012. - 172 c.

58. **Khodjibergenov D.T.** Investigação do coeficiente cinemático na maquinagem rotativa [Texto] / K.T. Sherov, D.T. Khodjibergenov et al. // Leituras Seitenovskie - 7. Materiais da Conferência Internacional Científica e Prática. - Kokshetau, 2012. - C. 163-165.

59. **Khodjibergenov D.T.** Cálculo do problema térmico para o processo de corte rotativo multi-lâmina [Texto] / K.T. Sherov, D.T. Khodjibergenov // IP RK № 0009167. Registo no registo № 1321 de 16.11. 2012.

RESUMO

Dissertação de Khodjibergenov Davlatbek Turganbekovich sobre o tema: "Desenvolvimento de bases científicas, tecnologia e ferramentas de corte para maquinagem rotativa de produtos em máquinas de corte de metal" para o grau de Doutor em Ciências Técnicas na especialidade 05.02.08 - tecnologia de engenharia mecânica

Palavras-chave: corte, ângulo de cisalhamento, grau de deformação, padrão de corte, coeficiente cinemático, camada de cisalhamento, superfície, dureza, rugosidade, torneamento, acabamento, desgaste da ferramenta, atrito de deslizamento, velocidade de corte, plano de cisalhamento.

Objeto de investigação: processo tecnológico de transformação mecânica de produtos por torneamento e fresagem.

Objetivo do trabalho: Desenvolvimento de métodos economicamente favoráveis de poupança de recursos no processamento mecânico de materiais através da criação de um design de ferramentas de corte, mandris auxiliares, proporcionando um aumento da durabilidade das ferramentas de corte, produtividade, melhoria da qualidade da superfície maquinada e redução do consumo de energia.

Métodos e aparelhos de investigação: os estudos científicos e experimentais foram efectuados com base nas disposições de base da tecnologia da engenharia mecânica, da teoria do corte, da mecânica, da física, da estatística matemática e com a ajuda de equipamentos normalizados, de informação e de medição, com a utilização da tecnologia informática.

Os resultados obtidos e a sua novidade: foram desenvolvidas as bases científicas da tecnologia de processamento, bem como um novo método de maquinagem rotativa multi-lâmina, confirmado por 3 patentes da República do Cazaquistão; foi estabelecido o mecanismo físico dos fenómenos que ocorrem na secção elementar da zona de contacto; foram determinadas as caraterísticas dos tipos problemáticos de maquinagem: o comprimento do contacto da apara com a superfície frontal da ferramenta, as tensões de contacto e o atrito de contacto, bem como o papel do ângulo frontal e traseiro da ferramenta no processo de maquinagem; foi comprovada a possibilidade de combinar a ferramenta com a superfície frontal da ferramenta; foi determinada a possibilidade de combinar a ferramenta com a superfície frontal da ferramenta.

O significado prático do trabalho consiste no facto de ter sido desenvolvida e produzida uma nova conceção de ferramentas rotativas e de ferramentas para o processamento de produtos em máquinas de corte de metais; foram desenvolvidas recomendações metódicas para a seleção de modos de corte e parâmetros geométricos e de regulação de ferramentas, bem como materiais para ferramentas rotativas e ferramentas.

Recomendações de utilização: a tecnologia desenvolvida permite alcançar a qualidade exigida da superfície tratada, eliminando a necessidade de tratamento abrasivo.

Domínio de aplicação: processos tecnológicos de corte de metais, o método pode ser aplicado em tornos, plainas e fresadoras.

Printed by Books on Demand GmbH, Norderstedt / Germany